ISSN 0021-1915

16. JAHRGANG · SEITEN 73—104 · BERLIN MÄRZ 1980

IPRAX 16 16 (3) 73—104 (1980) 32036

# 3

# isotopenpraxis

EVP 9,—M

AKADEMIE-VERLAG

ISOTOPENPRAXIS

herausgegeben von J. Mühlenpfordt, Berlin · C. F. Weiss, Leipzig



## An unsere Autoren

Die Zeitschrift veröffentlicht Beiträge zu folgenden Themen: Kontrolle und Analyse radioaktiver und stabiler Isotope, Anwendung radioaktiver und stabiler Isotope in allen Gebieten der Forschung und Technik, der Industrie, Landwirtschaft und Medizin, Herstellung radioaktiver und stabiler Isotope sowie von markierten Verbindungen, kernelektronische Geräte für die Isotopenanwendung (Dickenmesser, Dichtemesser u. ä.) Detektoren für isotopentechnische Arbeiten und den Strahlenschutz in Isotopenlaboratorien, Meßtechnik und Strahlenschutz, Dosimetrie in Isotopenlaboratorien, kerntechnische Geräte für die Isotopenanwendung (Beton, Bestrahlungsanlagen u. ä.), Strahlenchemie, Radiochemie, ökonomische und perspektivische Fragen, Fragen der Weiterbildung.

*1. Aufnahme von Manuskripten*

Zur Veröffentlichung angenommen werden nur druckreife, noch nicht anderweitig publizierte Beiträge in deutscher, englischer oder russischer Sprache zum Themenbereich der Zeitschrift und zwar

Originalarbeiten
Kurze Originalmitteilungen
Aus der Praxis
Zusammenfassende Berichte
Tagungsberichte
Informationen.

Sind der Beitrag oder Teile daraus bereits veröffentlicht oder ist eine anderweitige Veröffentlichung vorgesehen, so muß dies der Redaktion mit genauer Angabe der Zweitveröffentlichung mitgeteilt werden. Mit der Annahme des Manuskriptes behält sich der Verlag das Recht der Vervielfältigung, Verbreitung und Übersetzung innerhalb der gesetzlichen Schutzfrist vor. Auszugsweiser Nachdruck oder photomechanische u. a. Wiedergabe sind an eine schriftliche Genehmigung des Verlages gebunden. Manuskripte, Zeichnungen und Photos von veröffentlichten Arbeiten werden nur auf den besonderen und bis zum Zeitpunkt der Veröffentlichung mitgeteilten Wunsch des Autors zurückgesandt.
Bei der unverlangten Einreichung von Manuskripten wird empfohlen, eine Befürwortung eines der Herausgeber oder Redaktionsausschußmitglieder beizufügen.
Manuskripte sind einzureichen bei der Redaktion, DDR-1080 Berlin, Leipziger Str. 3–4.

*2. Form der Manuskripte*

Die Autoren werden gebeten:
2 Manuskripte, eines davon in Original-Maschinenschrift, einseitig und mit 2zeiligem Abstand einzureichen; gut leserliche Photokopien sind zulässig; auf dem 1. Blatt (unter Weglassung der Bezeichnung)

den Titel der Arbeit
Vorname-Initialen und Namen sämtlicher Autoren
gegebenenfalls die Institution, in der sie tätig sind
eine kurze Zusammenfassung der Abeit von höchstens 15 Zeilen
Keywords in alphabetischer Reihenfolge und
als Fußnote die Anschrift der Institution anzugeben;

wenn möglich auf gesonderten Blättern Namen, Titel der Arbeit und Zusammenfassung in den beiden anderen obengenannten Sprachen 2fach beizufügen;
Literaturhinweise (fortlaufend numeriert), Fußnoten, Tabellen, Abbildungen (in etwa 2facher Veröffentlichungsgröße), Abbildungsunterschriften (getrennt von den Abbildungen, mit Zeichenerklärungen, Quellenangaben, falls erforderlich, und gegebenenfalls mit einem Vermerk für besondere Wünsche bezüglich der Abbildungsgröße), private und Dienstanschrift der Verfasser mit akademischen Titeln und ausgeschriebenen Vornamen auf besonderen Blättern ans Ende des Manuskriptes zu stellen;
Wünsche für den Kolumnentitel (Seitenüberschrift) bekanntzugeben;
Absätze durch Einzüge von mindestens 3 Anschlägen kenntlich zu machen;
die Maßeinheiten des SI-Systems ("Systéme International") zu verwenden;
Korrekturen im Manuskript unmittelbar an der zu korrigierenden Stelle anzubringen;
Formeln deutlich lesbar und möglichst groß einzutragen;
Farbabbildungen und nachträgliche Änderungen oder Ergänzungen in Abbildungen zu vermeiden;
hervorzuhebende Textstellen zu unterstreichen, und zwar halbfetten Satz mit einer geraden schwarzen Linie, kursiven Satz (Schrägschrift) mit einer blauen Wellenlinie (alle Eigennamen). Sperrungen gestrichelt;
besondere Buchstaben durch farbige Unterstreichung zu kennzeichnen, und zwar Formelzeichen in

Griechisch-Kursiv ($\alpha$, $\beta$, ...) rot,
Kursiv ($A$, $B$, ...) blau
halbfetter Kursiv ($\boldsymbol{A}$, $\boldsymbol{B}$, ...) 2 Linien blau (Vektoren),
halbfetter Grotesk ($\mathsf{A}$, $\mathsf{B}$, ...) 2 Linien violett (Tensoren);

bei Literaturangaben auf Vollständigkeit zu achten. In nachstehender Reihenfolge müssen angegeben sein:

*a*) bei *Zeitschriften*: Vorname-Initialen und Namen sämtlicher Autoren, Titel der Zeitschrift (nach „Periodica Chimica" oder möglichst wenig gekürzt), Bandnummer (unterstrichen), Jahreszahl (in Klammern), Heftnummer (nur bei Zeitschriften, die jedes Heft mit S. 1 beginnen) sowie die Seitenzahl, auf der die zitierte Arbeit beginnt.

*b*) bei *Büchern*: Initialen der Vornamen und Name des Autors (Herausgeber werden durch den Zusatz „ed." gekennzeichnet), voll ausgeschriebener Titel des Buches in der Originalsprache, evtl. Bandnummer, voll ausgeschriebener Name des Verlages, Nummer der Auflage (außer der ersten), Erscheinungsort(e), Erscheinungsjahr (hier nicht in Klammern setzen!) und evtl. Kapitelnummer, Seitenzahl u. ä.

*c*) bei *Sammelbänden, Tagungsberichten*: Es soll zusätzlich der Titel des zitierten Beitrags angegeben werden. Die Seitenzahl muß unbedingt angegeben werden. Aus dem Zitat muß hervorgehen, ob es sich um einen Tagungssammelband oder um einen noch nicht veröffentlichten Vortrag handelt. Zwischen Tagungsort und Erscheinungsort des entsprechenden Tagungsberichts ist zu unterscheiden.

*3. Korrekturen*

Der Autor erhält zwei Umbruchabzüge, von denen einer möglichst schnell korrigiert an die Redaktion zurückgereicht werden soll. Auf Wunsch des Autors kann die Korrektur auch von der Redaktion gelesen werden.

Durch nachträgliche Manuskriptänderungen verursachte Korrekturkosten gehen, sofern sie 10% der Satzkosten übersteigen zu Lasten des Autors.

Der Autor erhält 50 Sonderdrucke kostenlos. Weitere Sonderdrucke können bis zur Rückgabe der Korrekturabzüge auf Kosten des Autors bei der Redaktion bestellt werden.

## Bezugsmöglichkeiten

Bestellungen sind zu richten

- **in der DDR** an den Postzeitungsvertrieb; an eine Buchhandlung oder an den AKADEMIE-VERLAG, DDR-1080 Berlin, Leipziger Straße 3–4
- **im sozialistischen Ausland** an eine Buchhandlung für fremdsprachige Literatur oder an den zuständigen Postzeitungsvertrieb
- **in der BRD und Westberlin** an eine Buchhandlung oder an die Auslieferungsstelle KUNST UND WISSEN, Erich Bieber, 7000 Stuttgart 1, Wilhelmstraße 4–6
- **in Österreich** an den Globus-Buchvertrieb, 1201 Wien, Höchstädtplatz 3
- **in den übrigen westeuropäischen Ländern** an eine Buchhandlung oder an die Auslieferungsstelle KUNST UND WISSEN, Erich Bieber GmbH, CH-8008 Zürich/Schweiz, Dufourstraße 51
- **im übrigen Ausland** an den Internationalen Buch- und Zeitschriftenhandel; den Buchexport, Volkseigener Außenhandelsbetrieb der Deutschen Demokratischen Republik, DDR-7010 Leipzig, Postfach 160, oder an den AKADEMIE-VERLAG, DDR-1080 Berlin, Leipziger Straße 3–4

Zeitschrift „Isotopenpraxis"

Herausgeber: Im Auftrag des Akademie-Verlages herausgegeben von Prof. Dr. Justus Mühlenpfordt und Prof. Dr. Carl Friedrich Weiss
Verlag: Akademie-Verlag, DDR-1080 Berlin, Leipziger Straße 3–4; Fernruf 2236221 oder 2236229; Telex-Nr. 114420;
Bank: Staatsbank der DDR, Berlin, Kto.-Nr.: 6836-26-20712
Chefredakteur: Dr. Klaus Uhlig, Berlin
Anschrift der Redaktion (Fernruf: 6351177) der Zeitschrift Isotopenpraxis: Akademie-Verlag, DDR-1080 Berlin, Leipziger Str. 3–4
Veröffentlicht unter der Lizenznummer 1527 des Presseamtes beim Vorsitzenden des Ministerrates der Deutschen Demokratischen Republik
Gesamtherstellung: VEB Druckerei „Thomas Müntzer", DDR-5820 Bad Langensalza
Erscheinungsweise: Die Zeitschrift „Isotopenpraxis" erscheint monatlich. Die 12 Hefte eines Jahrganges bilden einen Band. Bezugspreis je Band 144,– M zuzüglich Versandspesen (Preis für die DDR 108,– M), Preis je Heft 12,– (Preis für die DDR 9,– M)
Bestellnummer dieses Heftes: 1079/16/3

AN (EDV) 12831

ISOTOPENPRAXIS ISSN 0021-1915

Band **16** (1980) Heft 3, S. 73 – 104

Redaktion und Verlag: Akademie-Verlag, Redaktion Isotopenpraxis, 1080 Berlin, Leipziger Straße 3 – 4

# Inhaltsverzeichnis

### Fortschrittsberichte



### Originalarbeiten



Bei der Untersuchung des Xenons in Uranerz des Oklo-Reaktors fand man eine Xenonkomponente anomaler isotopischer Zusammensetzung. Es wird gezeigt, daß in einem n-bestrahlten Zirkonmineral mit 0,5% Uran diese Xenonkomponente, die reich an Xenon-131, -132 und -134 ist, ebenfalls vorliegt. Diese anonale Xenonkomponente, die vorzugsweise im Temperaturbereich von 870 bis 1070 K extrahiert wird, kann nicht das Produkt einer spontanen oder n-induzierten Spaltung eines Transuranelementes sein.



Durch Aufnahme des Gamma-Spektrums in einem NaJ-Bohrlochkristall erfolgt die Überprüfung des Eluates auf $^{99}$Mo, $^{103}$Ru und $^{131}$J. Dabei wird das überschüssige $^{99m}$Tc durch einen Hohlzylinder aus *Wood*scher Legierung von 4 mm Wandstärke auf $10^{-2}$% abgeschirmt. Durch Sterilfiltration kann das an $Al_2O_3$ gebundene Molybdän vom löslichen Molybdat getrennt werden, wodurch eine Differenzierung beider Kontaminationsformen des $^{99}$Mo möglich ist. Für eine semiquantitative Bestimmung des im Eluat vorhandenen Aluminiums wird eine Tüpfelmethode nach *Feigl* empfohlen.



Bei der Durchführung von Verweilzeituntersuchungen oder anderen Tracerexperimenten an industriellen Anlagen treten oft Probleme bei der Injektion des Tracers auf. Es wurde deshalb eine Injektionsvorrichtung entwickelt, welche besonders für den Einsatz an Industrieanlagen geeignet ist. Diese Vorrichtung erlaubt eine Injektion in Form von Einzelimpulsen oder Impulsfolgen. Es können gasförmige oder flüssige Tracer eingesetzt werden. Die Messungen können automatisch wiederholt werden. Antrieb und Steuerung erfolgen pneumatisch, so daß mit der Vorrichtung auch an explosionsgefährdeten Anlagen gearbeitet werden kann. Der Anlagendruck kann bis zu 15 bar betragen. Die Injektionspumpe ist zerlegbar und deshalb leicht zu dekontaminieren.



Der Einfluß kontinuierlicher Gammabestrahlung über Zeiträume von 3 – 14 Tagen bei Dosisleistungen von 10 und 100 R/d auf quantitative Veränderungen der Nukleinsäuren von Rattenblut und auf den Einbau von $^3$H-Thymidin in Leukozyten (in vitro) wurde untersucht. Der Charakter der Veränderungen im Blut war bei beiden Dosisleistungen identisch, bei der höheren Dosisleistung waren die Veränderungen jedoch deutlicher. Die Konzentration der Nukleinsäuren in den Leukozyten des Blutes war erst nach dem siebenten Bestrahlungstag mit einer Dosisleistung von 100 R/d erniedrigt. Die DNS-Menge pro Leukozyt der bestrahlten Tiere stieg allmählich mit zunehmender Gesamtbestrahlungsdosis an. Auf Grund des erhöhten Einbaus von $^3$H-Thymidin wird angenommen, daß bei kontinuierlicher Bestrahlung im Blut die relative Anzahl unfertiger Blutzellen ansteigt, die fähig sind, $^3$H-Thymidin in erhöhtem Maß aufzunehmen.

### Tagungsberichte



### Informationen



### Buchbesprechungen

ISOTOPENPRAXIS

**Band 16** (1980) Heft 3, S. 73–104

Redaktion und Verlag: Akademie-Verlag, Redaktion Isotopenpraxis, 1080 Berlin, Leipziger Straße 3–4

## Contents

### Progress Reports

*W. Reicherdt, M. Baer, K. Friese*

State and Trends of Development of Applied Radiochemistry

Isotopenpraxis **16** (1980) No. 3, p. 73 to 87
1 Fig., 2 Tab., 283 Ref.

### Articles

*H. Gerstenberger*

A Xenon Component of Anomalous Isotopic Composition in Terrestrial Materials Irradiated with Neutrons

Isotopenpraxis **16** (1980) No. 3, p. 88 to 91
1 Fig., 6 Tab., 17 Ref.

Investigation of xenon in uranium ore of the Oklo reactor yielded a xenon component of anomalous isotopic composition. It is shown that this xenon component, which is rich in xenon-131, -132 and -134, equally is to be found in neutron-irradiated zirconium material having 0.5 % of uranium. This anomalous xenon component, which is preferably extracted within the temperature range from 870 to 1070 K, cannot be the product of a spontaneous or neutron-induced fission of a transuranic element.

*P. Kleinert, E. Klose, E. Schumann*

Rapid Method of Checking the Eluate of $^{99}Mo/^{99m}Tc$ Generators for Impurities

Isotopenpraxis **16** (1980) No. 3, p. 92 to 94
3 Fig., – Tab., 13 Ref.

Plotting the gamma spectrum in a NaI well-type crystal provides checking the eluate as to the presence of $^{99}Mo$, $^{103}Ru$ and $^{131}I$, with the surplus $^{99m}Tc$ screened to $10^{-2}$ per cent by means of a hollow cylinder made of Wood's alloy and having wall thickness of 4 mm. Sterile filtration renders possible separation of molybdenum linked to $Al_2O_3$ from the soluble molybdate, thus providing for differentiation of the two kinds of $^{99}Mo$ impurities. For semiquantitative determination of the aluminium contained in the eluate, the *Feigl* drop-test technique is recommended.

*M. Richter, K. Heinrich*

Universal Injection Appliance for Industrial Investigations with Liquid or Gaseous Tracers

Isotopenpraxis **16** (1980) No. 3, p. 94 to 98
5 Fig., – Tab., 4 Ref.

Problems with regard to the injection of the tracer frequently arise while investigation of hold-up time of other tracer experiments is performed on industrial plants. Therefore, an injection appliance has been developped, which is particularly suitable for use on industrial plants. This appliance renders possible injection to be applied as discrete pulses. or as pulse series. Gaseous tracers may be used as well as liquid ones. Measurement may be automatically repeated. Drive and control are pneumatic, so that the appliance may be used on plants subject to the danger of explosion, too. The inside pressure of the plant may be up to 15 bar. The injection pump is dismountable, so it offers easy decontamination.

## Содержание

### Аналитические обзоры

*В. Райхердт, М. Бэр, К. Фрийзе*

Состояние и тенденции развития прикладной радиационной химии

Isotopenpraxis **16** (1980) вып. 3, стр. 73 до 87
1 рис., 2 табл., 283 лит.

### Статьи

*Х. Герстенбергер*

Ксеноновый компонент аномального изотопного состава в облученных нейтронами земных материалах

Isotopenpraxis **16** (1980) вып. 3, стр. 88 до 91
1 рис., 6 табл., 17 лит.

При исследовании ксенона в урановой руде реактора Окло был найден ксеноновый компонент аномального изотопного состава. Показывается, что в облученном нейтронами циркониевом материале с содержанием урана в 0,5 % также имеется данный ксеноновый компонент, который богат ксеноном-131, -132 и -134. Данный аномальный ксеноновый компонент, который экстрагируется предпочтительно в пределах температуры от 870 до 1070 °K, не может быть продуктом спонтанного или наведенного нейтронами расщепления трансуранового элемента.

*П. Клайнерт, Э. Клозе, Э. Шуманн*

Экспрессные методы проверки элюата генераторов $^{99}Mo/^{99m}Tc$ на предмет загрязнений

Isotopenpraxis **16** (1980) вып. 3, стр. 92 до 94
3 рис., – табл., 13 лит.

Путем определения гамма-спектра кристаллом NaJ с каналом для помещения образцов осуществляется проверка элюата на предмет наличия $^{99}Mo$, $^{103}Ru$ и $^{131}J$. При этом, избыточный $^{99m}Tc$ экранируется пустотелым цилиндром толщиной стенки в 4 мм из сплава Вуда до $10^{-2}$%. Методом стерильной фильтрации можно отделить связанный на $Al_2O_3$ молибден от растворимого молибдата, что позволяет осуществить дифференциацию обоих видов загрязнений по $^{99}Mo$. Для полуколичественного определения имеющегося в элюате алюминия рекомендуется применять капельный метод по ФЕЙГЛУ.

*М. Рихтер, К. Хайнрих*

Универсальное инжекционное устройство для промышленных исследований с жидкими или газообразными индикаторами

Isotopenpraxis **16** (1980) вып. 3, стр. 94 до 98
5 рис., – табл., 4 лит.

В связи с исследованием времени пребывания или другими индикаторными экспериментами, выполняемыми на промышленных установках, часто возникают проблемы в отношении инжекции индикатора. Поэтому, было разработано инжекционное устройство, которое особенно пригодно для применения на промышленных установках. Данное устройство позволяет выполнить инжекции в виде отдельных импульсов, или же в виде серий импульсов. Измерения могут автоматически повторяться. Привод и управление пневматические, так что это устройство можно использовать также и на взрывоопасных установках. Внутреннее давление установок может дойти до 15 бар. Инжекционный насос разборного типа, так что его можно легко дезактивировать.

## Fortschrittsberichte

# Stand und Entwicklungstendenzen der angewandten Strahlenchemie

*W. Reicherdt, M. Bär, K. Friese*

(Zentralinstitut für Isotopen- und Strahlenforschung der AdW der DDR, Leipzig)[1])

**(B14) INIS DESCRIPTORS:**

bibliographies; chemical industry; chemical preparation; chemical radiation effects; cost; electron beams; G value; gamma radiation; polymerization; polymers; radiation chemistry; radiolysis, reviews; uses

## 1. Einleitung

Die Strahlenchemie befaßt sich mit chemischen Reaktionen, die durch ionisierende Strahlung meist im Energiebereich von einigen 100 keV bis mehreren MeV ausgelöst werden. Die bei geladenen Teilchen durch elektrische Wechselwirkung und bei Röntgen- und Gamma-Strahlung durch Photo-, *Compton*- und Paarbildungseffekt übertragene Energie führt in den bestrahlten Stoffen primär zur Ionisation bzw. elektronischen Anregung der Atome und Moleküle. Die Rekombination der Ionen sowie die Folgereaktionen der primär entstandenen Spezies führen u. a. zum Zerfall in Radikalbruchstücke. Die Strahlenchemie nutzt diese reaktiven Teilchen zur Synthese neuer Verbindungen. Gegenüber konventionellen Methoden hat die Strahlenchemie den Vorteil, Reaktionen bereits bei sehr niedrigen Temperaturen zu initiieren und in flüssigen und gasförmigen Stoffen ebenso leicht auszulösen wie in Festkörpern. Auf die in der Chemie oft notwendigen Katalysatoren kann dabei verzichtet werden. Gegenüber der Photochemie zeichnet sich die Strahlenchemie auch dadurch aus, daß die verwendete energiereiche Strahlung von jedem Stoff absorbiert wird und nicht an das Vorhandensein bestimmter chemischer Strukturen gebunden ist.

Obwohl chemische Wirkungen energiereicher Strahlung seit der 1896 erfolgten Entdeckung der Radioaktivität bekannt sind, setzte ihre technische Nutzung in der Chemie erst vor etwa 20 Jahren ein. Sie begann mit der strahlenchemischen Äthylenbromidsynthese unter Verwendung von $^{60}$Co-Gamma-Strahlung in der Dow Chemical Corporation 1963. Seitdem ist die prinzipielle Eignung energiereicher Strahlung zur Initiierung chemischer Reaktionen in einer nahezu unübersehbaren Vielfalt nachgewiesen worden. Bisher hat allerdings nur ein relativ kleiner Teil der möglichen strahlenchemischen Stoffwandlungen Eingang in die Produktion gefunden. Das trifft insbesondere für solche strahlenchemischen Verfahren zu, die sich gegenüber konventionellen Methoden durch höhere Effektivität und verbesserte Qualität des Endproduktes auszeichnen.

Hohe Effektivität ist vor allem mit solchen Reaktionen zu erreichen, die nach den Prinzipien chemischer Kettenreaktionen und dadurch mit hoher Strahlenausbeute ablaufen. Als Maß für die Strahlenausbeute dient der $G$-Wert, der die Zahl der gebildeten bzw. verbrauchten Moleküle pro 100 eV absorbierter Energie angibt. Bei den technisch genutzten strahlenchemischen Kettenreaktionen liegen die $G$-Werte in der Regel oberhalb 1000. Reaktionen, die mit geringer Strahlenausbeute (z. B. $G$-Werte unterhalb 10) ablaufen, sind nur dann von technischem Interesse, wenn entweder die Synthese auf konventionellem Wege nur unter größten Schwierigkeiten bzw. überhaupt nicht gelingt oder, wie z. B. bei der Vernetzung von Hochpolymeren, bereits durch wenige Einzelreaktionen ein hoher gewünschter makroskopischer Effekt erzielt wird.

Zur Auslösung strahlenchemischer Reaktionen verwendet man bevorzugt Gamma-Bestrahlungsanlagen und Elektronenbeschleuniger. Bei der Auswahl der zum Einsatz kommenden Bestrahlungsquellen besitzt die Reichweite der jeweiligen Strahlenart im zu bestrahlenden Stoff große Bedeutung. Sie ist bei den im bestrahlten Medium exponentiell abklingenden Gamma- bzw. Röntgen-Strahlen am größten. Unter der Wirkung von $^{60}$Co-Gammastrahlen lassen sich in organischen Flüssigkeiten und Festkörpern z. B. noch chemische Reaktionen bis in 1 m Tiefe ohne weiteres auslösen. Gamma-Bestrahlungsanlagen finden deshalb bevorzugt dort Anwendung, wo in größeren flüssigen oder festen Volumina Strahlenreaktionen herbeigeführt werden müssen. Die Halogenierung bzw. Sulfochlorierung von Kohlenwasserstoffen und die strahlenchemische Erzeugung von Plastholz durch Strahlenpolymersiation billiger, mit Monomeren getränkter Hölzer sind technisch bedeutsame Beispiele dafür. Als Strahlenquelle wird in den Gamma-Anlagen fast ausschließlich $^{60}$Co verwendet, jedoch finden neuerdings auch $^{137}$Cs und mit Kernreaktoren gekoppelte Gamma-Bestrahlungsschleifen mit aktivierten, im Kreislauf geführten, flüssigen Metall-Legierungen, besonders des $^{116}$In, zunehmend Anwendung.

Die Reaktionsgeschwindigkeiten der mit Gammastrahlung initiierten chemischen Reaktionen sind allerdings wegen der in der Praxis erreichbaren relativ geringen Dosisleistungen nicht immer befriedigend. Bei Beschleunigern geladener Teilchen tritt dieser Nachteil praktisch nicht auf. Bei Anwendung von Beschleunigern ist jedoch zu berücksichtigen, daß ihre Strahlung nur geringe Reichweite besitzt. Sie beträgt bei Ionen in kondensierten Medien kaum mehr als 1 µm und erreicht bei beschleunigten Elektronen Eindringtiefen von etwa 1 cm in Abhängigkeit von der Teilchenenergie und der Dichte des bestrahlten Materials. Elektronenbeschleuniger werden deshalb vorzugsweise für die strahlenchemische Modifizierung von Oberflächen und dünnen Materialschichten verwendet. Als typische in der Technik bereits genutzte Beispiele seien die Strahlenvernetzung von Polymerfolien, die Lackhärtung und die Textilveredlung durch strahlenchemische Pfropfpolymeri-

[1]) Anschrift: 705 Leipzig, Permoserstr. 15

sation genannt. Auch für die Vernetzung der Polymeren in Kabelisolierungen sowie von Plastrohren werden Elektronenbeschleuniger mittlerer Energien (~ 1 ... 5 MeV) bereits technisch mit Erfolg eingesetzt.

Der bisher erreichte Stand des Einsatzes der Strahlentechnik für chemische Synthesen soll nachstehend charakterisiert und es soll auf Trends aufmerksam gemacht werden.

## 2. Strahlensynthese niedermolekularer Stoffe

Obwohl die einschlägige Fachliteratur reich an Arbeiten über die strahlenchemische Synthese niedermolekularer organischer Verbindungen ist [1, 35] findet man nur wenige bis zur Produktionsreife entwickelte strahlenchemische Verfahren. Sie konzentrieren sich vornehmlich auf die mit hohem *G*-Wert ablaufenden Reaktionen der Sulfurierung und Halogenierung von Kohlenwasserstoffen [2] und nur in Ausnahmefällen auf mit niedrigem *G*-Wert verlaufende Prozesse (Hydrazin, metallorganische und phosphororganische Verbindungen) [3].

Besonders in der UdSSR existieren eine Reihe ausgereifter strahlenchemischer Verfahren, die bereits kommerziell angeboten werden. Auch in den USA, Japan, Frankreich und der BRD hat die Strahlentechnik zur strahlenchemischen Synthese niedermolekularer Stoffe Eingang in die Produktion gefunden.

### 2.1. *Sulfurierungsprozesse*

Zu den wichtigsten Sulfurierungen zählen die Sulfoxydation und die Sulfochlorierung. Beide Verfahren werden vornehmlich zur Herstellung biologisch aubbaubarer Detergentien benutzt [7 — 10]. Als Ausgangsstoffe werden höhere n-Kohlenwasserstoffe mit Kettenlängen zwischen $C_{10}$ und $C_{20}$ eingesetzt. Gegenüber den z. Z. im allgemeinen angewandten synthetischen Waschmitteln auf der Grundlage linearer Alkylsulfonate haben diese Produkte den Vorteil einer bedeutend besseren biologischen Abbaubarkeit. Damit wird die unerwünschte Schaumbildung in Gewässern und Abwasserreinigungsanlagen erheblich eingeschränkt bzw. völlig unterdrückt.

Bei der strahlenchemischen Umsetzung der langkettigen Kohlenwasserstoffe mit $SO_2$ und $Cl_2$ [11] spielen im Gegensatz zur photochemischen Initiierung nicht angeregte Chloratome, sondern Kohlenwasserstoffradikale die Hauptrolle. Die Sulfochlorierungsreaktion zeichnet sich durch *G*-Werte bis $10^6$ aus.

In der UdSSR werden Sulfochlorierungsprozesse bereits seit 1967 im industriellen Maßstab durchgeführt [10, 13 bis 15]. In den Anlagen werden Strahlenquellen (Kobalt-60 oder Cäsium-137) mit Aktivitäten zwischen 100 und 1000 Ci ($3{,}7 \cdot 10^{12}$ und $37 \cdot 10^{12}$ Bq) verwendet. Einen Nutzen von ca. 200000 Rubel pro Jahr bringt ein Sulfochlorator, der im Chemiekombinat Wolgograd arbeitet [3, 16]. Dieser und eine Reihe anderer Sulfochloratoren wurden im Allunions-Forschungsinstitut für Strahlentechnik (VNIIRT), Moskau, entwickelt und befinden sich auch in anderen Chemiebetrieben der UdSSR, u. a. in Zumgait, im Einsatz [13, 14].

In den USA wird eine Anlage zur Sulfochlorierung von Kohlenwasserstoffen durch die Firma Esso Research and Engineering Co. betrieben [17].

Die bei der strahlenchemischen Sulfochlorierung gewonnenen Erfahrungen führten zur intensiven Bearbeitung ähnlicher Prozesse wie beispielsweise der Sulfoxydation.

Die strahlenchemische Sulfoxydation von Kohlenwasserstoffen der Kettenlänge $C_6$ bis $C_9$ läuft mit *G*-Werten zwischen 3000 und 6500 ab. Sie ist der photochemischen Sulfoxydation überlegen [12].

In der UdSSR wurden Arbeiten im Pilotmaßstab abgeschlossen (Durchsatz der Anlage 1 kg/h), die die Voraussetzung für eine Produktionsanlage mit einer Kapazität von 12000 t/Jahr geschaffen haben. In der Anlage werden Sulfonsäuren durch Anlagerung von Schwefeldioxid an Paraffine in Anwesenheit von Wasser hergestellt [17].

In einer Reihe westlicher Länder werden ebenfalls mit Erfolg Anlagen betrieben, in denen die strahlenchemische Sulfoxydation durchgeführt wird. Die Firma Esso Research and Engineering Co. stellt Natrium-Paraffinsulfonate durch strahlenchemische Umsetzung von Petroleumfraktionen mit $SO_2$ her [1, 18, 19]. Das Verfahren liefert ein biologisch völlig abbaubares Produkt zu einem günstigen Preis.

Die japanische Firma Hodogaya Chemical Co. und die Farbwerke Hoechst betreiben ebenfalls Anlagen zur strahlenchemischen Sulfoxydation [8, 20, 21].

Aus den genannten Beispielen ist zu erkennen, welches Interesse die Industrie den strahlenchemischen Sulfurierungsreaktionen entgegen bringt.

### 2.2. *Strahlenchemische Synthese von Stickstoffverbindungen [22]*

Zu den technisch interessanten Stickstoffverbindungen sind Ammoniak, Hydrazin, Cyanwasserstoff, Amine und Stickstoffdioxid zu zählen.

Während die Versuche, Ammoniak strahlenchemisch zu synthetisieren, nicht über den Labormaßstab hinausgegangen sind und auch bei Anwendung verschiedener Darstellungsmethoden nur zu sehr geringen Ausbeuten geführt haben [23, 24], ist für die Synthese von Hydrazin offensichtlich ein brauchbares technisches Verfahren entwickelt worden. Die strategische Bedeutung des Hydrazins als Raketentreibstoff [25] löste besonders in den USA umfangreiche Forschungen zur Entwicklung seiner strahlenchemischen Synthese aus. Man schätzt ein, daß in einem 500-MW-Reaktor bei 50%iger Ausnutzung der Spaltproduktmenge jährlich 20000 t wasserfreies Hydrazin für einen Preis hergestellt werden können, der nur ein Drittel bis ein Viertel des jetzigen betragen würde [26]. Eine technische Anlage zur strahlenchemischen Synthese von Hydrazin mit einem möglichen jährlichen Durchsatz von 15500 t wird in [27] beschrieben.

Ähnlich wie die Synthese von Ammoniak scheinen auch die Strahlensynthese von Cyanwasserstoff aus Stickstoff und Äthylen [28] bzw. Stickstoff und Methan [29], aber auch Versuche zur strahleninitiierten Darstellung von Anilin aus Benzol und Ammoniak [30] bisher nur im Labormaßstab erfolgreich durchgeführt worden zu sein. Eine industrielle Anwendung zeichnet sich noch nicht ab.

Für die strahlenchemische Synthese von Stickoxiden hingegen sind die Bedingungen für eine Überführung in den technischen Maßstab offensichtlich günstig. Die *G*-Werte für die Stickstoffdioxidbildung liegen je nach den Reaktionsbedingungen zwischen 1 und 7. Für eine technische Synthese werden Kernreaktoren diskutiert. Da das Ausgangsmaterial Luft billig ist und der Bedarf an Düngemitteln ständig steigen wird, erscheint diese Stickstoff-Fixierung besonders aussichtsreich [31], auch wenn im

Augenblick der Herstellungspreis mit dem Preis des in konventionellen Anlagen gleicher Größe hergestellten nicht vergleichbar ist [32, 33] und das strahlenchemische Verfahren, das nur $NO_2$ in Form von Salpetersäure liefert, mit dem konventionellen Verfahren nicht konkurrieren kann.

Für ihre Untersuchungen zur strahleninitiierten Stickstoffdioxid-Synthese benutzten *Harteck* und *Dondes* eine Versuchsanordnung, die man als Vorläufer eines Chemie-Kernreaktors betrachten kann. Der Spaltstoff $U_3O_8$ mit einem Gehalt von 93% Uran-235 war in Glasfasern von 5 $\mu$m Durchmesser eingelagert. Das Gasgemisch durchströmte ein Rohr, das mit der Glaswolle gefüllt und in einen Kernreaktor eingebaut war. Die besten Ausbeuten an $NO_2$ wurden mit einem Gasgemisch aus $N_2/O_2$ wie 4:1 bei 200 °C und einem Druck von 10 atm erreicht [34, 35].

### 2.3. *Strahlenchemische Halogenierungen*

Mit der strahleninitiierten Äthylbromidsynthese aus Äthylen und Bromwasserstoff fand 1963 der erste strahlenchemische Prozeß Eingang in die chemische Produktion der Dow Chemical Co. [22, 36, 37]. Die nach den Prinzipien eines Radikalkettenmechanismus mit $G$-Werten um $10^4$ ... $10^5$ stattfindende Synthese verläuft im Gegensatz zu konventionellen Verfahren angeblich ohne nennenswerten Anfall von Nebenprodukten. Eine mit einem 3-kCi-($\triangleq 111 \cdot 10^{12}$ Bq)-$^{60}$Co-Reaktor ausgestattete Anlage erzeugte täglich etwa 1,5 t Äthylbromid. Obwohl die Bestrahlungskosten deutlich unter denen liegen sollen, die beim konventionellen Verfahren für Katalysatoren und Reinigungsprozesse notwenig sind [38], trat offensichtlich infolge ungünstiger Bedarfsentwicklung eine rückläufige Produktionsentwicklung auf. Das Verfahren wird deshalb gegenwärtig nicht mehr technisch genutzt.

Die Anlage zur strahlenchemischen Synthese von Äthylbromid war der Ausgangspunkt für eine Anzahl weiterer Flüssigphasen-Reaktoren für Chlorierungsprozesse [22]. Als Beispiele für die technische Nutzung solcher Anlagen kann man nennen:

- die kontinuierliche Chlorierung von Dichloräthan in einer japanischen Anlage mit einem Durchsatz von 100 kg/Tag [39].
- die Erzeugung von Tetrachloralkanen, die in der Sowjetunion seit 1967 betrieben wird [40].

Für die nächsten Jahre ist die technische Anwendung der Herstellung von Hexachlorbenzol, die Chlorierung von Toluol und die Synthese von Chlormethanen durch Strahleninitiierung zu erwarten [41—43]. Diese z. Z. in der Industrie noch auf der Grundlage der photochemischen Anregung durchgeführte Produktion wird möglicherweise in der Perspektive von strahlenchemischen Verfahren abgelöst, wenn sich solche Kostensenkungen erreichen lassen, wie sie für die Erzeugung von Hexachlorbenzol berechnet wurden. Nach *Yuan* [39] reduzieren sich diese von 26,— \$ bei Photoinitiierung auf 12,2 \$ bei Einsatz von $^{60}$Co-Gammastrahlung.

### 2.4. *Strahlenchemische Oxydationen*

Arbeiten mit anwendungstechnischem Charakter wurden zur strahlenchemischen $SO_2$-Oxydation, insbesondere zur Beseitigung des Schadstoffes $SO_2$ aus den Rauchgasen von Kohlekraftwerken, durchgeführt [68]. Für die Untersuchungen benutzten die japanischen Wissenschaftler einen Elektronenbeschleuniger (Energie 5.5 MeV, Stromstärke 70 $\mu$A). Der $G$-Wert der Gasphasenoxydation bei Temperaturen zwischen 35 °C und 100 °C betrug etwa 11, da keine Kettenreaktion vorliegt.

Durch strahlenchemische Oxydation wurde Phenol aus Benzol und Sauerstoff in Gegenwart von Eisen(II)-Ionen [52], gegebenenfalls unter Hinzufügung von Inertgas [54], erhalten. Zwischen 3 und 10 MW und 1—10 atm konnten Ausbeuten mit $G$-Werten von 300 bis 1300 je nach den Reaktionsbedingungen, erhalten werden [53]. Für andere Untersuchungen werden Ausbeuten von ca. 4 Gew.-% angegeben. Im Vergleich zu thermischen Oxydationen wurden bei der strahlenchemischen Reaktion immer bessere Ausbeuten beobachtet [55].

Zur Herstellung von Formaldehyd wurde Methanol in Gegenwart von Katalysatoren ($V_2O_5$ oder ein molekularer Film aus $Cu_2O$ auf Cu) einer oxydativen Kobalt-60-Bestrahlung ausgesetzt [56].

Japanische Wissenschaftler haben auf strahlenchemischem Wege durch Oxydation die Duftstoffe Vanillin und Heliotropin, deren Verbrauch durch die Nahrungsmittelindustrie und die kosmetische Industrie im Weltmaßstab stark zugenommen hat, hergestellt [57]. Mit dem Verfahren können diese Verbindungen in guter Qualität, mit hohen Ausbeuten (nahezu 100%) und zu niedrigen Kosten im Vergleich mit den herkömmlichen Methoden (Ozonisierung oder andere Oxydationsverfahren) gewonnen werden [58]. Dies ist ein Verfahren, das Aussicht auf industrielle Anwendung hat.

Erwähnt werden soll noch, daß in der SR Rumänien ein Verfahren zur strahlenchemischen Oxydation von Paraffinen entwickelt wurde, das industriell noch nicht angewandt wird [59].

### 2.5. *Phosphororganische Verbindungen [35]*

Phosphororganische Verbindungen werden heute als Extraktionsmittel, Weichmacher für Kunststoffe, Ionenaustauscher, Farben und Lacke, Detergentien, Schmieröladditives, Flotationsmittel aber auch in der Humanmedizin und als Schädlingsbekämpfungsmittel eingesetzt.

Es hat sich gezeigt, daß sich strahlenchemische Methoden gut zur Synthese von Phosphorverbindungen eignen [48 bis 50]. U. a. war es möglich, Alkanphosphorsäuredialkylester (strahlenchemische Auslösung der *Michaelis-Arbusov*-Reaktion) herzustellen [60].

*Michaelis-Arbusov*-Reaktion:

$$P(OR')_3 + RX \rightarrow [R-P-(OR')_3]^+X^- \rightarrow R-P(=O)(OR')_2 + R'X$$

Auch die Umsetzung von Phosphortrichlorid mit Kohlenwasserstoffen unter Bildung von Verbindungen des Typs $R \cdot PCl_2$ wurde beschrieben [47]. Diese Chloralkylphosphine werden bei Temperaturen zwischen 100 °C und 200 °C und Drücken zwischen 10 und 100 atm mit einer Ausbeute von $10^4$ Molekülen/100 eV erhalten. Bei der Anlagerung von Biphosphit an Olefine entstehen Phosphonate, die man zu den entsprechenden Chlorfluoräthylphosphorsäuren hydrolysieren kann, aus denen man schließlich die Dichloride erhält [61].

Elementarer Phosphor wurde in der letzten Zeit als Ausgangssubstanz für phosphororganische Verbindungen verwendet, z. B. ist Tetrachlorkohlenstoff mit weißem Phosphor bei Temperaturen über 100 °C umgesetzt worden. Mit hohen $G$-Werten werden u. a. $PCl_3$ und $CCl_3PCl_2$ gebildet [62].

### 2.6. *Organozinnverbindungen*

Organozinnverbindungen – speziell Dibutylzinnbromid und Tributylzinnbromid – werden aus Alkylbromiden und metallischem Zinn synthetisiert. Dibutylzinnbromid wird mit einem $G$-Wert von $10^3$ bis $10^4$ gebildet [44]. Vorarbeiten für den industriellen Einsatz wurden auch hierfür in der Sowjetunion geleistet [17, 45, 46]. Die Produkte können u. a. zur Stabilisierung von Polymeren und als besonders haltbare Schiffsanstriche eingesetzt werden.

### 2.7. *Einige weitere Synthesen*

Zu den erwähnenswerten strahlenchemischen Synthesen niedermolekularer Verbindungen zählen:

- Die Synthese von Glycol durch Radiolyse von Methanol. Die gebildeten Methanolradikale setzen sich zu Äthylenglycol um. Der $G$-Wert liegt bei 3.1 [63].
- Bestrahlt man Gemische aus aliphatischen Alkoholen (z. B. 2-Propanol) mit Äthylen bei Temperaturen zwischen 6 und 60 °C, erhält man höhere Alkohole (z. B. ternären Amylalkohol neben höheren ternären Alkoholen) [64].
- Die Strahlenreaktion von Silanen mit Äthylen führt zu Telomeren. In der Gasphase bilden Methylsilan und Dimethylsilan Telomere, die ein oder zwei Moleküle des Taxogens enthalten. Die $G$-Werte liegen zwischen 15 und 38 [65].
- Bei der Strahlenumsetzung von Äthylen mit Schwefelwasserstoff erhält man in Abhängigkeit von der Zusammensetzung der Mischung Äthylmercaptan mit einem $G$-Wert von 600 und Diäthylsulfid mit einem $G$-Wert von 250. Das Maximum der Bildung von Äthylenthiol liegt bei 30% [66]. Es wurde bei Dosen zwischen 0,1 und 10 Mrd ($= 10^3 \ldots 10^5$ Gy) und Temperaturen zwischen –78 °C und 100 °C gearbeitet [51].
- Kohlenstoffsuboxid entsteht bei der Bestrahlung von Kohlenmonoxid. Kohlenstoffsuboxide sind sehr reaktionsfreudige Verbindungen, die als Ausgangsmaterialien für verschiedene organisch-technische Synthesen dienen könnten.

  Hier liegt einer der Fälle vor, wo interessante Verbindungen auf strahlenchemischem Wege hergestellt werden können, die auf andere Weise kaum zugänglich sein dürften [33].

Manche wenig reaktionsfähigen Abfallprodukte der chemischen Industrie, die mit konventionellen Methoden kaum noch für chemische Synthesen verwendbar sind, lassen sich erfolgreich für strahlenchemische Verfahren heranziehen.

Hexachlorbutadien ist ein solches Abfallprodukt der großtechnischen Synthese von Chlorkohlenwasserstoffen und daher von großem industriellem Interesse. Bestrahlt man Gemische aus Cyclohexan und Hexachlorbutadien, so entsteht durch Kombinationsreaktion Cyclohexylchlorbutadien mit einem $G$-Wert von etwa 3 [67].

## 3. Strahlenchemische Synthese und Modifizierung von Hochpolymeren

Gemessen an der Zahl der Veröffentlichungen und am Stand der industriellen Nutzung nimmt die Strahlenchemie der Hochpolymeren eine Vorzugsstellung unter den strahlenchemischen Verfahren ein.

Hierfür gibt es mehrere Ursachen:

- Die Syntheseverfahren der Polymeren sind in der Regel Kettenreaktionen, verlaufen also mit hohen $G$-Werten.
- Die mit niedrigem $G$-Wert verlaufenden Vernetzungsreaktionen führen wegen des hohen Molekulargewichts der Polymeren schnell zu den gewünschten Eigenschaftsänderungen.
- Eine Modifizierung von natürlichen oder synthetischen Hochpolymeren ist strahlenchemisch auch dann möglich, wenn die Makromoleküle gegenüber einer konventionell chemischen Reaktion inert oder sehr träge sind.
- Die Besonderheiten der energiereichen Strahlung, wie gleichzeitige Bildung von Radikalen und Ionen, Temperaturunabhängigkeit der Initiierungsreaktion und bei γ-Strahlung das hohe Durchdringungsvermögen der Materie sowie die leichte Möglichkeit der Veränderung der Dosisleistung der Strahlung während der Reaktionen [86, 87, 98] können zu neuartigen, einfacheren Technologien für die Herstellung oder Modifizierung der Polymeren führen.

Umfang und Vielfältigkeit der gegenwärtig vorliegenden Ergebnisse machen eine geschlossene Darstellung dieses Gebietes besonders problematisch. Wir verzichten deshalb, auch im Hinblick auf einen weiteren vorgesehenen Fortschrittsbericht über strahlenchemische Modifizierung von Fasern und Textilien, auf dieses umfangreiche Gebiet und konzentrieren uns auf die Darstellung des Standes und der Entwicklungstendenzen der strahlenchemischen Verfahren für die vor allem als Plastrohstoffe verwendeten Hochpolymeren.

### 3.1. *Strahlenchemische Polymerisation*

In zahlreichen Veröffentlichungen ist die Möglichkeit der strahlenchemischen radikalischen Polymerisation der üblichen Monomeren nachgewiesen worden [69–71, 104]. Aus den Vergleichen mit der konventionell, z. B. peroxidisch initiierten Polymerisation hat sich herausgestellt, daß der einzige Unterschied die Initiierungsreaktion ist, während die weiteren Reaktionsschritte der Kettenfortpflanzung und des Kettenabbruchs vollständig identisch sind. Die Dosisleistung der Strahlung $J$ ist der Konzentration des Katalysators $K$ äquivalent, wie aus den Wurzelbeziehungen für die Polymerisationsgeschwindigkeit

$$R_p \sim J^{0,5} \quad \text{bzw.} \quad R_p \sim K^{0,5}$$

hervorgeht, die ebenfalls für viele Systeme der radikalischen Polymerisation nachgewiesen wurde.

Nahezu alle Arbeiten der strahlenchemischen Radikalkettenpolymerisation befassen sich mit kinetischen Untersuchungen, wobei die Besonderheiten der Strahlungsinitiierung, die temperaturunabhängige Bildung der Radikale und die exakte Regelung der Dosisleistung zu neuen Untersuchungsmethoden und zu Ergebnissen führte, die auch für die klassischen chemischen Polymerisationsverfahren wichtige Erkenntnisse brachten. Hierbei ist vor allem die Pulsradiolyse als Methode der Untersuchung von Elementarprozessen zu nennen [282, 283]. Sie ermöglicht den Nachweis und die Bestimmung der Lebensdauer kurzlebiger Spezies im Mikro- und Nanosekundenbereich.

Im industriellen Maßstab hat die strahlenchemisch initiierte radikalische Polymerisation dagegen bisher nur geringe Bedeutung erlangt. Die höheren Kosten für die Bestrahlungsanlagen und die Strahlenschutzmaßnahmen werden offensichtlich noch nicht ausreichend durch vereinfachte Technologien oder verbesserte Polymereigenschaften ausgeglichen. Die experimentellen Arbeiten konzentrierten sich deshalb auf wenige Monomere, deren Polymerisationsprozeß kompliziert oder technologisch aufwendig ist, wie Äthylen, Vinylchlorid und Tetrafluoräthylen. Die strahlenchemische Äthylenpolymerisation wurde hierbei am intensivsten untersucht.

*3.1.1. Strahlenchemische Polymerisation von Äthylen.* Die zahlreichen Arbeiten zur strahlenchemischen Äthylenpolymerisation stammen vor allem aus Japan, den USA und der UdSSR. Sie fußten offensichtlich auf der Hoffnung, daß infolge der sehr geringen scheinbaren Aktivierungsenergie der strahlenchemischen Polymerisation ein technologisch einfaches Verfahren bei niedrigeren Temperaturen und Drücken entwickelt werden könnte. Der untersuchte Temperaturbereich lag zwischen $-78$ °C [72] und 200 °C [73], wobei bei tiefen Temperaturen (unter 0 °C) ein vorwiegend ionischer und bei höheren Temperaturen ein radikalischer Mechanismus nachgewiesen wurde. Ein weiterer markanter Punkt hinsichtlich des Polymerisationsmechanismus ist der Schmelzpunkt des Polyäthylens, denn unterhalb 120 °C ist die Aktivierungsenergie $E_a = 0{,}2$ kcal/mol (= 0,84 kJ/mol) und oberhalb 120 °C 14,5 kcal/mol (= 60,7 kJ/mol) [74, 75]. Die geringe Monomerenkonzentration im festen kristallinen Polymeren bzw. die stärkere Quellung des flüssigen Polymeren in seinem Monomeren und die Diffusion des Äthylens im Polymeren sollen hierfür die Ursache sein [76]. Die Aktivierungsenergie der konventionellen Polymerisation unter hohem Druck liegt dagegen bei 35–42 kcal/mol (= 147–176 kJ/mol). Der Reaktionsdruck beeinflußt in erster Linie die Raum-Zeit-Ausbeute, so daß auch die strahlenchemischen Versuche überwiegend bei hohen Drücken (bis 3000 at) ($\triangleq 30 \cdot 10^8$ Pa) durchgeführt wurden. Die bisherigen Arbeiten lassen zwei Verfahrensentwicklungen mit unterschiedlicher Reaktionsführung erkennen: 1. Die Pilotanlage der Takasaki Radiation Chemistry Research Establishment mit Polymerisationstemperaturen unterhalb des Polyäthylenschmelzpunktes [77] und 2. die Polymerisationsapparatur am Brookhaven National Laboratory (BNL) mit Reaktionstemperaturen bis 200 °C [76, 78]. Die japanische Anlage arbeitet mit einem 10 l-Reaktor und einer Dosisleistung von $3{,}8 \cdot 10^5$ rd/h (= 1,06 Gy · $s^{-1}$) und die Apparatur am BNL mit einem 420 ml-Reaktor bei Dosisleistungen zwischen $5{,}8 \cdot 10^4$ und $8{,}5 \cdot 10^4$ rd/h (= 1,6 und 2,36 Gy · $s^{-1}$). Außerdem gibt es noch einen Vorschlag vom *Imhausen* [79] für einen kontinuierlichen Polymerisationsprozeß, der zunächst durch $O_2$-Spuren oberhalb 150 °C bei Drücken zwischen 1000 und 3000 atm ($\triangleq 1 \cdot 10^8$ und $3 \cdot 10^8$ Pa) gestartet und dann in einer Strahlungszone mit der Möglichkeit der Regulierung der Radikalkonzentration weitergeführt wird.

Die ökonomischen Betrachtungen weisen bereits 1968 [76] hinsichtlich der Investitions- u. Produktionskosten deutliche Vorteile der strahlenchemischen Verfahren bei gleichzeitigen Verbesserungen der Möglichkeiten zur Beeinflussung der Polymereigenschaften nach. Obwohl in den letzten 10 Jahren der Bedarf an Polyäthylen ständig gestiegen ist, ist eine industrielle Großanlage zur strahlenchemischen Äthylenpolymerisation bisher nicht in Betrieb genommen worden. Dagegen haben die konventionellen Verfahren mit Anlagengrößen von 50–100000 jato bei hohem Automatisierungsgrad bisher unvorstellbare Dimensionen erreicht.

Neuere Arbeiten zur strahlenchemischen Äthylenpolymerisation befassen sich mit der homogenen [80, 81] oder heterogenen [82] Lösungspolymerisation und mit der Emulsionspolymerisation [83, 84], für die sogar schon ein kontinuierliches Fließsystem im Labor bei Drücken von 200 bis 300 kg/cm² ($\triangleq 2-3 \cdot 10^7$ Pa), Temperaturen bei 100 °C und Dosisleistungen von $8 \cdot 10^4$ rd/h ($\triangleq 2{,}2 \cdot 10^{-1}$ Gy $s^{-1}$) erprobt wurde [85].

Technisches Interesse für eine vereinfachte Äthylenpolymerisation, allerdings nach dem Niederdruck-Verfahren, kann auch eine Arbeit von *Bukatov* und Mitarbeitern haben [88]. Sie stellten fest, daß mit γ-Strahlen behandeltes $\alpha$-$TiCl_3$ eine gleich hohe katalytische Aktivität besitzt wie das Katalysatorsystem $\alpha$-$TiCl_3 + Al(C_2H_5)_2Cl$.

*3.1.2. Strahlenchemische Polymerisation von Vinylchlorid.* Das starke technologische Interesse für die Herstellung von sehr reinem, von Emulgatoren, Suspensionsstabilisatoren und Katalysatoren freiem Polyvinylchlorid mit dadurch erhöhter Thermostabilität initiierte zahlreiche Arbeiten zur Substanz- [89–91, 97] und Gasphasenpolymerisation [92, 93] von Vinylchlorid. Die bisherigen Untersuchungen betreffen in erster Linie die Polymerisationskinetik, die weitgehend mit der chemisch initiierten Polymerisation übereinstimmt [89]. Die Polymerisationsgeschwindigkeit ist wie bei der homogenen, peroxidisch initiierten Polymerisation der Wurzel der Dosisleistung proportional. Die Polymerisationstemperatur wurde von $-50$ °C bis $+90$ °C variiert. Eine Verfahrensentwicklung der strahlenchemischen PVC-Herstellung ist bisher noch nicht bekannt geworden. Sie ist wahrscheinlich z. Z. noch zu riskant, nachdem *Henderson*, *Yamakowa* und *Stannett* [94] festgestellt haben, daß PVC, das nach dem Substanz-Polymerisationsverfahren mit Strahlendosen $> 0{,}45$ Mrad ($> 0{,}45 \cdot 10^4$ Gy) hergestellt wurde, schlechtere thermische Stabilität hat als konventionell hergestelltes PVC. Trotzdem sollte dieser Spielraum bei Anwendung von geringeren Dosisleistungen $< 10^5$ rd/h ($< 2{,}8 \cdot 10^1$ Gy · $s^{-1}$) für die strahlenchemische Vinylchloridpolymerisation ausreichen, vor allem wenn das technologische Problem der kontinuierlichen Entfernung des gebildeten PVC aus der Bestrahlungszone gelöst werden kann.

Auch die strahlenchemische Emulsionspolymerisation von Vinylchlorid wurde untersucht [95, 96]. Es wird berichtet, daß hierbei hohe Umsätze und Ausbeuten erzielt werden. Diese Arbeiten sind noch im Stadium der Grundlagenforschung.

*3.1.3. Strahlenchemische Polymerisation anderer Monomeren.* Mehrere Arbeiten befassen sich mit der strahlenchemischen Polymerisation von fluorhaltigen Monomeren. Untersuchungen zur Polymerisation von Tetrafluoräthylen in Lösung wurden von *Tabata* und Mitarbeitern [99] und zur Polymerisation im festen Zustand bei niedrigen Temperaturen von *Bruk* u. a. [100] durchgeführt. Mit der Strahlenpolymerisation von Vinylfluorid befaßten sich *Sorokin* [101] und *Schneider* [102]. Alle Arbeiten wurden im Labormaßstab durchgeführt und lassen noch keine Übertragung in größere Maßstäbe erkennen.

In den Jahren 1965–1966 wurde im Karpov-Institut Moskau unter der Bezeichnung RCHYND-20000 eine Pilotanlage zur strahlenchemischen Polymerisation von Maleimiden in Betrieb genommen [103]. Sie hat eine Aktivität von 10 kCi (= $37 \cdot 10^{13}$ Bq) und ist in der Lage, die kontinuierliche Lösungspolymerisation von N-[2,4-Dimethyl-phenyl]-maleimid in Toluol, mit einem Umsatz von

40 g/h durchzuführen. Die Ergebnisse weisen ökonomische Vorteile für das strahlenchemische Verfahren nach und können die Grundlage für die Ausarbeitung eines technischen Produktionsverfahrens sein. Das Polymere kann als thermisch, chemisch und strahlenchemisch beständiger Thermoplast eingesetzt werden.

Erfolgreich waren auch die Untersuchungen zur Herstellung von optischen Linsen und anderen Formkörpern hoher Dimensionsgenauigkeit durch Gießen der Monomeren, z. B. Hydroxyäthylmethacrylat, in Formen und Polymerisation durch Bestrahlung unter Bedingungen, bei denen keine Blasen und nur geringe innere Spannungen auftreten [105]. Für die strahlenchemische Polymerisation von Methylmethacrylat nach dem Masseverfahren wird eine Produktionsmenge von 2000 t/a angegeben [132].

*3.1.4. Strahlenchemische Copolymerisation.* Obwohl durch die gleichzeitige Bildung von Radikalen und Ionen sowie durch die geringe Temperaturabhängigkeit der strahlenchemischen Initiierung prinzipiell die Möglichkeit zur Herstellung neuartiger Copolymerer gegeben und eine große Anzahl von Veröffentlichungen und Patenten erschienen ist, wurde bisher kein technisches oder halbtechnisches Verfahren beschrieben. Die Arbeiten betreffen praktisch alle denkbaren Monomer-Kombinationen, wobei als Schwerpunkte der Forschung mit praktischem Interesse die Copolymerisationen von Olefinen mit anderen Vinylmonomeren [z. B. 106, 107], aber auch mit Kohlenmonoxid [108] und Schwefeldioxid [109] sowie die Systeme der Fluor enthaltenden Monomeren, z. B. Tetrafluoräthylen—Propylen [70, 110—113], Tetrafluoräthylen—Vinyläther [114] Tetrafluoräthylen—Äthylen, Vinylfluorid, Vinylidenfluorid, Trifluorchloräthylen u. a. [115] und Hexafluorpropylen—Äthylen [116] hervorzuheben sind.

*3.1.5. Strahlenchemische Emulsionspolymerisation.* In einer ausführlichen Studie zur strahlenchemischen Emulsionspolymerisation wird von *Wilson* [71] festgestellt, daß zahlreiche Monomere nach dieser Methode polymerisiert worden sind. Obwohl sich eindeutige Vorteile der strahlenchemischen Initiierung herausgestellt haben, ist die Anwendung in der Produktion bisher noch nicht bekannt. Vergleichende Untersuchungen zur Emulsionspolymerisation verschiedener Monomerer führte *Ley* durch [117]. Er ermittelte eine Zunahme der Gesamtpolymerisationsgeschwindigkeit in der Reihenfolge Styrol, Methylmethacrylat, Äthylacrylat und Methylacrylat. Bei einer sehr geringen Dosisleistung von 200 rd/h (= $5{,}5 \cdot 10^{-4}$ Gy $s^{-1}$) war die bis zu einem Umsatz von 80—90% erforderliche Dosis ca. $10^3$ rd (= 10 Gy). *Stannett* [118] benötigte bei der strahlenchemischen Emulsionspolymerisation von Vinylacetat bis zu einem vollständigen Umsatz eine Gesamtdosis von $2 \cdot 10^4$ rd (= 200 Gy). Arbeiten im Pilotmaßstab wurden von *Stannett* [119], *Greene* u. a. [120] und *O'Neill* [121] durchgeführt.

*Stahel* und *Stannett* berichteten über eine Anlage, in der als Beispiel eine Styrol-Emulsion aus einem 1,5—2 l-Gefäß mehrmals durch das Strahlenfeld einer Kobalt-60-Bestrahlungsanlage mit einer Dosisleistung von 0,35 Mrd/h (= 0,97 Gy · $s^{-1}$) gepumpt wurde, wobei eine weitgehende Gültigkeit der *Smith-Ewart*-Kinetik der Emulsionspolymerisation festgestellt und als Ergebnis der Versuche eine kontinuierlich arbeitende Versuchsanlage vorgeschlagen wurde. *Greene* beschreibt die Herstellung eines Vinylacetat-Butylacrylat-Copolymerlatex in einer üblichen Bestrahlungsanlage durch deren Bestrahlungszone die Emulsion zirkuliert, wobei die Polymerisation hauptsächlich während der Bestrahlung z. T. aber auch durch die gebildeten Radikale nach dem Verlassen der Bestrahlungsanlage stattfindet. Trotz eines um 5—10% höheren Gewinns bei der strahlenchemischen Initiierung wurde keine größere Anlage errichtet, da der Restmonomerengehalt im Latex zu hoch war. In einer Apparatur, die der von *Stahel* und *Stannett* glich, untersuchten *O'Neill* und Mitarbeiter die halbkontinuierliche Emulsionspolymerisation von Vinylacetat bei 30 und 40 °C, einer Dosisleistung von 87 krd/h (= 0,24 Gy · $s^{-1}$) und einer Fließgeschwindigkeit von 0,9 l/min. Sie stellten keinerlei Unterschiede ihrer Produkte gegenüber konventionell hergestellten Polyvinylacetat-Latices fest. Hieraus und aus der Feststellung, daß auch der Restmonomerengehalt bei der strahlenchemischen Emulsionspolymerisation erniedrigt werden kann [122], können technische Anwendungen erwartet werden.

*3.1.6. Strahlenchemische Polymerisation in fester Phase.* In den letzten Jahren sind zahlreiche Arbeiten zur Polymerisation im festen Zustand, einer Besonderheit der strahlenchemischen Initiierung, erschienen [70, 71, 123—126]. Sie beschreiben den Einfluß der Kristallstruktur bzw. des kristallinen Zustands der Monomeren, der Temperatur, der Bestrahlungsbedingungen, des Drucks, der Zugabe von Zusätzen und Polymeren und der Einwirkung elektrischer oder magnetischer Felder auf die Polymerisationsgeschwindigkeit. Aus diesen Informationen können Beweise für den Polymerisationsmechanismus abgeleitet werden. So wurden Beispiele für einen radikalischen (Acrylamid), ionischen (Acrylnitril) und einen Ringöffnungsmechanismus (Trioxan) festgestellt.

Die Festphasenpolymerisation von Trioxan ist seit 1960 in Japan [127—129, 131], Frankreich und den USA intensiv untersucht worden. Die bei der Bestrahlung entstehenden aktiven Zentren sind so stabil, daß eine Nachpolymerisation ohne Bestrahlung zu hochmolekularem Polyoxymethylen erfolgen kann. Auf dieser Basis wurde in Japan eine Pilotanlage mit einer Kapazität von 8000 t/a unter Verwendung eines Elektrobeschleunigers errichtet [130, 139], mit der die ökonomischen Vorteile der strahlenchemischen Initiierung nachgewiesen wurden. Ein Nachteil dieses Verfahrens besteht aber darin, daß das strahlenchemisch hergestellte Polyoxymethylen in einem gesonderten Prozeß thermostabilisiert werden muß, was bei den konventionellen Verfahren bereits während der Polymerisation erfolgt. Allerdings zeigen Arbeiten der Farbwerke Hoechst [138], daß durch Copolymerisation von Trioxan mit cyclischen Äthern Polymere mit hoher Thermostabilität erhalten werden können [133].

*3.1.7. Ionische Polymerisation.* Die strahlenchemische ionische Polymerisation wurde erst 1957 bei der Bestrahlung von Isobuten bei tiefen Temperaturen entdeckt. In den letzten 20 Jahren ist dieses Gebiet intensiv untersucht worden [70, 71, 134—137, 140], und es konnte nachgewiesen werden, daß z. B. Styrol, α-Methylstyrol, Vinylisobutyläther und Isobuten nach einem kationischen und Acrylnitril und Nitroäthylen nach einem anionischen Mechanismus polymerisieren, wobei die Gegenwart von Lösungsmitteln wie Aminen oder Dimethylformamid einen großen Einfluß auf den Mechanismus hat. Bei der strahlenchemischen Polymerisation von Isobuten bei tiefen Temperaturen wurde außerdem ein starker Einfluß von festen Substanzen auf die Polymerisationsgeschwindigkeit festgestellt. So übt Zinkoxid eine stark beschleunigende Wirkung aus [141, 136, 142]. Da durch die ionische Polymerisation Polymere mit hohem Molekulargewicht und enger Molekulargewichtsverteilung hergestellt werden können, besteht auch ein großes technisches Interesse an derartigen Verfahren. Die Schwierigkeiten bestehen aber darin, daß für die ionische Polymerisation eine extreme Trocknung und Reinheit der Monomeren und der gesamten Polymerisationsapparatur erforderlich ist. Die Abhängigkeit der Polymerisationsgeschwindigkeit von Styrol vom Wassergehalt im Vergleich zur radikalischen Polymerisation zeigt Abb. 1.

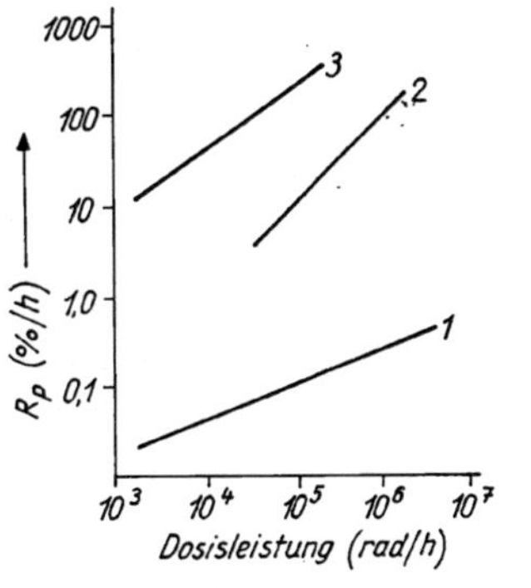


Abb. 1. Strahlenchemische Polymerisation von Styrol bei 0 °C
*1* – radikalische Polymerisation; *2* – $H_2O$-Gehalt ca. 2 ppm; *3* – $H_2O$-Gehalt ca. 0,02 ppm [269]

*Stannett* und Mitarbeiter haben jedoch 1969 gezeigt, daß die strahlenchemische ionische Lösungspolymerisation von Styrol in Methylenchlorid in einer kleinen 6-Liter-Pilotanlage aus Stahl möglich ist [143, 144]. Die Dosisleistung war 0,35 Mrd/h (= 0,97 Gy · $s^{-1}$), die Konzentration der Lösung 456 g Styrol in 2 l Methylenchlorid und der Wassergehalt ca. 2 ppm. Die getrocknete Lösung strömt kontinuierlich durch einen Röhrenreaktor im Strahlenfeld. Wenn auch eingeschätzt wird, daß diese extreme Monomerenreinheit der Laborexperimente wahrscheinlich niemals unter vernünftigen kommerziellen Bedingungen zu realisieren ist, werden auch im industriellen Maßstab um mehrere hundertmal höhere Polymerisationsgeschwindigkeiten im Vergleich zur radikalischen Initiierung für möglich gehalten.

### 3.2. *Strahlenchemische Pfropfpolymerisation*

Bei der Herstellung von schlagzähen Polymeren hat die Pfropfpolymerisation große technische Bedeutung erlangt. Die Initiierung erfolgt durch reaktive Gruppen an Polymeren, die die Polymerisation des Co-Monomeren auslösen können, oder durch Kettenübertragung. Hieraus folgt, daß die konventionell chemische Pfropfung auf reaktive Polymere beschränkt ist. Demgegenüber ist die energiereiche Strahlung in der Lage, auch bei chemisch trägen oder inerten Polymeren Pfropfreaktionen zu initiieren. Das Gebiet der strahlenchemischen Pfropfpolymerisation ist deshalb in zahlreichen Laboratorien sehr intensiv untersucht worden [69, 71, 145–148, 161]. Die Pfropfmethoden werden wie folgt unterschieden:

- Gleichzeitige Bestrahlung von Polymeren und Monomeren. Hierbei findet durch die gleichzeitige Bildung von Radikalen im Polymeren und Monomeren eine starke Homopolymerisation des Monomeren statt, die oft unerwünscht ist.
- Die vorhergehende Bestrahlung des Polymeren an Luft oder im Vakuum, wobei sich Peroxide bzw. Radikale bilden, die die Pfropfung initiieren können.

Durch unterschiedliche Pfropfbedingungen, wie Form der Polymeren, Einwirkungszeit der Monomeren, Temperatur, Dosisleistung der Strahlung oder Gegenwart von Quell- oder Lösungsmitteln lassen sich sehr unterschiedliche Pfropfeffekte erzielen. So besteht sowohl die Möglichkeit, die Oberfläche von Plastformkörpern oder Folien zu pfropfen, wodurch wichtige Eigenschaften wie Adhäsion, Färbbarkeit, elektrostatische Aufladung, Benetzbarkeit u. a. verändert werden können [149], als auch die Polymeren, z. B. in Form von Pulvern, Granulaten oder Lösungen, homogen zu pfropfen, wobei sich die mechanischen Eigenschaften, die Verträglichkeit zu anderen Polymeren, die Löslichkeit in organischen Lösungsmitteln oder die Permeation von Gasen verändern können.

*3.2.1. Pfropfung von verarbeiteten Polymeren.* Fast alle Veröffentlichungen und bekannten Anwendungen betreffen die Pfropfung von Folien und Textilien, wobei die Modifizierung von Fasern und Geweben den bisher höchsten industriellen Stand der strahlenchemischen Pfropfpolymerisation aufweist. In diesem Beitrag wird jedoch ausschließlich die Pfropfung von Polymerfolien betrachtet. Einen Überblick über die dabei veränderten Polymereigenschaften hat *Rösinger* [150] zusammengestellt (s. Tab. 1)

Tab. 1. Verbesserung der Eigenschaften von Hochpolymeren durch Pfropfung mit Hilfe energiereicher Strahlung [150]

| Polymeres | Monomeres | Besondere Eigenschaften der Pfropfpolymeren |
|---|---|---|
| Polyäthylen | Methylmethacrylat | härter, transparent |
| | Vinylcarbazol | Hochtemperaturdielektrikum, höherer Erweichungspunkt als Polyäthylen, weniger brüchig als Polyvinylcarbazol, lösungsmittelbeständig |
| | Acrylamid, Acrylsäure | bedruckbar, anfärbbar |
| | Styrol | nach Sulfonierung Ionenaustauscher |
| Polypropylen | Chlormethylstyrol | bessere Anfärbung |
| Polytetrafluoräthylen | Styrol | größere Adhäsion |
| Polyvinylchlorid | Acrylnitril | höherer Erweichungspunkt |
| Polyvinylalkohol | Methylmethacrylat | wasserunlöslich |
| Polyamid<br>Polyester | Acrylsäure<br>Acrylamid | antistatische Fasern |
| Cellulose<br>Naturseide | Styrol<br>Methylmethacrylat | Verbesserung der textilen Eigenschaften |

Die strahlenchemische Pfropfung von Polyäthylenfolien mit Styrol wurde systematisch zur Aufklärung und Verallgemeinerung der Kinetik der Pfropfpolymerisation [69, 71, 151–154], aber auch unter dem Aspekt der Verbesserung der Verklebbarkeit [155, 160] und vor allem zur Entwicklung von Ionenaustauscherfolien untersucht. Letztere werden hergestellt, indem Polyäthylenfolien mit Styrol gepfropft, vom gebildeten Homopolystyrol durch Behandlung mit Lösungsmitteln befreit und abschließend z. B. durch Sulfonierung funktionalisiert werden [156, 159]. Auch eine mehrfache Funktionalisierung einer Folie wurde beschrieben [157]. Die Möglichkeit einer halbindustriellen Technologie für die strahlenchemische Herstellung von Ionenaustauschermembranen sowohl nach der Technologie der Vorbestrahlung der Folien als auch durch gleichzeitige Bestrahlung wurde im Karpov-Institut Moskau untersucht [158]. Die gleichzeitige Bestrahlung von Polymeren und Monomeren wurde mit einer Kobalt-60-Anlage von 20 kCi (= $7{,}4 \cdot 10^{11}$ Bq) und die Vorbestrahlung mit einem Elektronenbeschleuniger (RUP-400) initiiert. Die Copfropfung von Styrol und Vinylacetat auf Polyäthylenfolien niederer Dichte verbessert die Elastizität der Membranen, während die gleichzeitige Pforpfung von Styrol und Acrylnitril die Festigkeit, die Pfropfgeschwindigkeit und die Austauscherkapazität erhöht.

Technische Anwendung hat auch die Pfropfung von Styrol auf Polytetrafluoräthylen erlangt. In den USA wird unter der Bezeichnung Raibond von der Firma Radiation Application Inc ein „verklebbares Teflon" hergestellt.

Eine halbtechnische Anlage zur Pfropfung von Polyäthylenfolien mit Vinylmonomeren hat die japanische Firma Sekisui Chemical errichtet. Die Initiierung wird mit einem Elektronenbeschleuniger durchgeführt [65].

*3.2.2. Pfropfung von Polymerpulvern und -dispersionen.* Für die strahlenchemische Modifizierung von Polymerpulvern hat sich in den letzten Jahren die Gasphasenpfropfung als neue Pfropftechnik bewährt. Hierbei wird das gasförmige Monomere oder der Dampf eines flüssigen Monomeren mit dem zu pfropfenden Polymeren in Kontakt gebracht, wobei sowohl die gleichzeitige Bestrahlung von Polymeren und Monomeren als auch die Vorbestrahlungstechnik angewandt werden kann. Das Pfropfen mit gasförmigen Monomeren ist technologisch am einfachsten. In Japan wurden bereits 1964 vergleichsweise Polyäthylen- u. Polypropylenfilme mit flüssigem und gasförmigem Butadien gepfropft [162]. Als wichtigstes Ergebnis wurde festgestellt, daß bei der Gasphasenpfropfung praktisch kein Homopolymerisat entsteht. So beträgt der Homopolymerisatanteil bei einem Pfropfgrad von 30% bei der Flüssigphasenpfropfung über 11% und bei der Gasphasenpfropfung nur 1,2%. Technische Realisierung bis in das Stadium der Pilotanlage haben die Pfropfungen von PVC- u. Polyäthylenpulver mit Butadien erlangt. Nach Arbeiten der *Takasaki*-Gruppe in Zusammenarbeit mit der Firma Sekisui Chemical Co und dem Japan Atomic Energy Research Institut wird das Polymerpulver in einem zylindrischen Behälter, der im inneren Teil Durchführungen für die $^{60}$Co-Quellen mit einer Aktivität von 6 kCi (= $2{,}2 \cdot 10^{14}$ Bq) enthält, mit dem Butadien in einem Wirbelzustand gehalten, wobei das Wirbelbett zusätzlich gerührt wird [163, 164]. Das mit Butadien gepfropfte PVC hat eine hohe Kerbschlagzähigkeit und die Polyäthylen-Butadien-Pfropfpolymeren sind flexibler und chemisch reaktionsfähig und dadurch als Zusatz in Kautschukmischungen einsetzbar [165, 166]. Eine universell für die Gasphasenpfropfung von Pulvern, Fasern oder Filmen geeignete Versuchsanlage beschreibt *Bessonov* [167]. Die Bestrahlung erfolgt mit einem Elektronenbeschleuniger mit einer Strahlbreite von 120 mm. Die Pulverbestrahlung erfolgt auf rotierenden Tellern; die Füllmenge liegt bei 300–500 g Pulver in einem 12 l-Reaktor. Weitere in der Literatur beschriebene Systeme der strahlenchemischen Gasphasenpfropfung sind Polyolefine–Vinylchlorid [167, 168] und Polyäthylen/Butadien–Styrol [169]. Sie haben aber offenbar noch nicht zu einer technischen Realisierung geführt.

Andere halbtechnische Anlagen zur strahlenchemischen Pfropfung von Polymerrohstoffen betreffen die Systeme Polyäthylen–Acrylsäure und PVC–Styrol [133]. Beide Anlagen wurden von der Dow Chemical Corp. in den USA entwickelt, wobei die Acrylsäure-Pfropfung mit einem 2 MeV-Elektronenbeschleuniger und die Styrol-Pfropfung mit einer 18-kCi-$^{60}$Co-Anlage (=$6{,}7 \cdot 10^{14}$ Bq) initiiert wird. Die Polyäthylen-Acrylsäure-Pfropfpolymeren haben bessere Hafteigenschaften und Benetzbarkeit und die PVC-Styrol-Pfropfpolymeren höhere Dehnungs- u. Biegefestigkeit. Die strahlungsinduzierte Pfropfpolymerisation von Styrol und PVC wurde auch in wäßriger Emulsion durchgeführt. *Stannett* und Mitarbeiter beschreiben eine Versuchsanlage zur Pfropfung eines PVC-Latex [170].

Insgesamt kann eingeschätzt werden, daß die Technik der Gasphasenpfropfung auf Polymerpulver einfach und ökonomisch ist und wahrscheinlich in nächster Zeit zu weiteren wichtigen Erkenntnissen und technischen Lösungen führen wird.

*3.2.3. Pfropfung auf Holz.* Bereits 1958 wurde die Imprägnierung von Holz mit Monomeren und anschließende strahlenchemische Polymerisation in den USA beschrieben [171]. Seitdem hat sich in mehreren Ländern eine Industrie zur Herstellung von Polymerholz entwickelt. Als Monomere für die Holzimprägnierung werden genannt: Methylmethacrylat, Styrol, Acrylnitril [172] und Polyester [173, 176]. Einige ausführliche Informationen zur Problematik Holz-Polymer-Verbunde beschreiben die chemischen Besonderheiten dieser Pfropfpolymerisation, Unterschiede zwischen chemischer und strahlenchemischer Initiierung und Probleme der Produktion und Anwendung [133, 174, 175]. Auch Mischungen aus Methylmethacrylat mit mehrfunktionellen Monomeren, u. a. Di- und Trimethacrylaten wie z. B. Äthylenglykoldimethacrylat oder Trimethylolpropantrimethacrylat, und die Kombination einer Initiierung mit Benzoylperoxid und γ-Strahlung wurden erprobt. Hierbei wurde als optimale Dosis 3 Mrd (= $3 \cdot 10^4$ Gy) ermittelt [221]. Die wichtigsten im Vergleich zu normalem Holz verbesserten Eigenschaften sind höhere Festigkeit und Härte, geringere Wasseraufnahme, längere Haltbarkeit und höhere Beständigkeit gegen Wettereinflüsse, Fäulnis und Insekten. Hieraus leiten sich die Einsatzgebiete ab: Parkettfußböden, Sportartikel, Schuhabsätze sowie Fenster- u. Türrahmen. Zur Erhöhung des Quellvermögens für das Monomere wird das Holz vor der Imprägnierung mit Alkohol behandelt, wobei allerdings eine teilweise Entfärbung des Holzes eintritt. Eine nachträgliche Färbung für bestimmte Anwendungsgebiete ist aber leicht möglich [172].

Eine Studie über die notwendigen Investitionen und Selbstkostenpreise zeigt, daß mit großen Produktionsanlagen von 700000–1 Mill. m²/a ein ökonomischer Nutzen erzielt werden kann. Voraussetzung ist der Einsatz billiger Hölzer und eine doppelte Haltbarkeit des Polymerholzes im Vergleich zu Eichenholzparkett. In der UdSSR ist der Fußboden einer Metro-Station in Moskau mit Polymerholz versehen. Die Preise lagen 1973 sowohl in der UdSSR (8,5 Rubel/m²) als auch in den USA (16 Dollar/m²) doppelt so hoch wie für normales Parkettholz, können sich aber in letzter Zeit durch steigende Rohstoffpreise verändert haben. In den USA produzieren mehrere Firmen – z. B. Numec, American Novawood, Lockhead Georgia und Radiation Machinery – Polymerholz. Die letzte Firma besitzt zwei Anlagen mit einer Kapazität von 1,7 bzw. 3,8 Mill. m²/a. Beide arbeiten mit $^{60}$Co-Bestrahlungsanlagen von 5 bzw. 10 MCi (= 1,8 – 3,7 · $10^{17}$ Bq). Für die Kombination dünner Holzschichten mit Monomeren ist auch die Bestrahlung mit Elektronenbeschleunigern erprobt worden [175–177].

*3.2.4. Pfropfung auf anorganische Materialien.* Eine bedeutende Anzahl von Veröffentlichungen befaßt sich mit der strahlenchemischen Polymerisation von an anorganischen Füllstoffen adsorbierten Monomerschichten. Folgende Systeme wurden hauptsächlich untersucht: Styrol und Methylmethacrylat adsorbiert an Silicagel und Aerosil [178, 179]; Acrylnitril aus der Gasphase auf Silicagel [180]; Vinylmonomere an Zeolithe [181, 182] und Aerosil [185] sowie Methylmethacrylat und Styrol auf vorbestrahltem Kieselgel, Kaolin und Calziumcarbonat [183] sowie auf Magnesiumoxid [184].

Alle Arbeiten haben den Charakter von Grundlagenforschung. Folgende Erkenntnisse lassen sich verallgemeinern: Die Polymerisationsgeschwindigkeit ist in den adsorbierten Schichten höher als bei der strahlenchemischen Massepolymerisation, wobei in einigen Fällen ein ionischer Polymerisationsmechanismus diskutiert wird. Extraktionsversuche ergaben, daß ein von der Art und Oberfläche der Füllstoffe und vom Monomeren abhängiger chemisch gepfropfter Anteil vorhanden ist, der eine Modifizierung der Füllstoffeigenschaften ergibt. Bei dispersem Magnesiumoxid wird selbst bei höherem Pfropfgrad nur eine teilweise Bedeckung der Oberfläche erreicht. Trotzdem wird die Verträglichkeit z. B. mit chloriertem PVC erhöht [184]. Untersuchungen der primären Prozesse bei der strahlenchemischen Polymerisation von 1,3-Butadien auf Silicagel durch ESR wurden von *Shiga* [186] durchgeführt.

Von 1965–1968 wurden in den USA ausführliche experimentelle Untersuchungen zur Kombination von Beton mit Polymeren durchgeführt [187, 188]. Die Herstellung der Kombinationen geschieht folgendermaßen: Die Betonstücke werden evakuiert, mit Monomeren (Styrol oder Methylmethacrylat) getränkt und anschließend in eine Lösung des Polymeren im Monomeren getaucht, um die Oberfläche zusätzlich zu schützen. Die Polymerisation wird mit γ-Strahlen initiiert. Gegenüber einer peroxidisch-thermischen Polymerisation sind die Festigkeiten um 12 bis 38% höher. Im Vergleich zu normalem Beton nehmen z. B. die Druckfestigkeit um 285% und die Zugfestigkeit um 292% zu, die Beständigkeit bei Gefrier-Tau-Zyklusbehandlung verbessert sich um über 300%, die Wasserdurchlässigkeit ist vernachlässigbar und die Wasserabsorption nimmt um 95% ab. In der UdSSR strahlenchemisch hergestellte Beton-Polymer-Kombinationen hatten ein ähnliches Eigenschaftsniveau [175]. Anwendungsmöglichkeiten für diesen Spezialbeton ergeben sich beim Einsatz in hydrotechnischen Einrichtungen, bei Rohrleitungen für aggressive Medien und als hochfeste Stahl-Beton-Konstruktionen. Technisch-ökonomische Berechnungen zeigen bei genügend großen Anlagen doppelt so hohe Kosten wie bei Normalbeton, z. B. bei einer Produktion von 5000 m³/a 220–250 Rubel/t. Neuere französische Arbeiten befassen sich auch mit der Imprägnierung von Beton und Mineralien mit anderen Monomeren wie Acrylnitril, Vinylacetat und Diallylphthalat [189].

### 3.3. *Strahlenchemische Umsetzungen an Polymeren*

Von den zahlreichen möglichen strahlenchemischen Umsetzungen an Polymeren wurden bisher nur die Chlorierungs- und Sulfochlorierungsreaktionen zu einem Stand geführt, der eine technische Realisierung ermöglicht. Bereits 1961 führten *Wuckel* [190] sowie *Dzagacpanjan* und Mitarbeiter [191] Versuche zur strahlenchemischen Sulfochlorierung von Polypropylen in fester Phase durch. Bei den späteren sowjetischen Arbeiten wurde ausführlich die Änderung der Kristallinität bei der Festphasenchlorierung von Polypropylen [192] und Polyäthylen [193] sowie die Struktur der chlorierten bzw. sulfochlorierten Polyolefine [194] untersucht. Ungleichmäßigkeiten bei der Chlorierung sind nicht nur auf die bevorzugte Chlorierung amorpher Bereiche, sondern allgemein auf die Diffusionskontrolle der Reaktion zurückzuführen [195]. Die strahlenchemische Sulfochlorierung von Polyäthylen, allerdings in Tetrachlorkohlenstoff als Lösungsmittel, wurde in letzter Zeit in einer Pilotanlage durchgeführt [196]. Sie arbeitet bei einer Dosisleistung von 0,6–0,8 rd/s, (≙ 6–8 · $10^{-3}$ Gy/s), einem Druck von 1,5 at (≙ 1,5 · $10^5$ Pa) und einer Konzentration der Lösung von 3%. Die Reaktionstemperatur liegt bei 68–70 °C, und das Mol-Verhältnis $Cl_2$:$SO_2$ bei (7–8):1. Die Reaktionsprodukte haben einen Chlorgehalt von ca. 30%, einen Schwefelgehalt von 1,3% und haben praktisch gleiche mechanische und anwendungstechnische Eigenschaften wie konventionell chemisch sulfochloriertes Polyäthylen.

Großes Interesse fand auch das im Zentralinstitut für Isotopen- u. Strahlenforschung der Akademie der Wissenschaften der DDR in Leipzig entwickelte strahlenchemische Verfahren zur Chlorierung von PVC-Pulver [197, 198], das gegenwärtig in die Pilotproduktion der chemischen Industrie übergeleitet wird. Gegenüber dem konventionellen Verfahren der Herstellung von kochfestem PVC hat es den Vorteil, daß keine organischen Lösungs- bzw. Quellmittel und wäßrigen Säuren eingesetzt werden müssen und dadurch mehrere aufwendige Prozeßstufen wegfallen. Die Reaktion wird in einem Wirbelreaktor mit einem Gasgemisch aus Chlor und Stickstoff als Wirbelgas bei 40–70 °C und einer Dosisleistung zwischen 20 und 40 krd/h ( = 5,5 und 11 · $10^{-2}$ Gy/s) durchgeführt. Nach 90 Minuten wird ein Chlor-PVC mit einem Chlorgehalt von 65–66% erhalten, das die gleiche chemische Struktur [199, 200] und die gleichen physikalischen und anwendungstechnischen Eigenschaften hat wie konventionell in Suspension chloriertes PVC. Die durch die Chlorierung herbeigeführte Steigerung der Glastemperatur des PVC um etwa 30 °C ermöglicht den Einsatz des thermoplastisch gut verarbeitbaren Produktes in der Bauindustrie und der chemischen Industrie z. B. als Heißwasserrohre.

### 3.4. *Strahlenchemische Vernetzung von Polymeren*

Hinsichtlich ihrer chemischen Veränderung bei der Einwirkung energiereicher Strahlung können die Hochpolymeren in zwei Gruppen eingeteilt werden: Polymere bei denen überwiegend eine Vernetzung stattfindet und Polymere die überwiegend abgebaut werden [148, 201]. Eine Übersicht hierüber gibt Tab. 2.

Tab. 2. Überwiegende Vorgänge bei der Bestrahlung von Polymeren

| Gruppe I Vernetzung | Gruppe II Kettenspaltung |
|---|---|
| Polyäthylen | Polyisobutylen |
| Polypropylen | Poly-α-Methylstyrol |
| Polystyrol | Polymethacrylate |
| Polyacrylate | Polymethacrylamid |
| Polyacrylamide | Polyvinylidenchlorid |
| Polyvinylchlorid | Cellulose |
| Polyamide | Celluloseazetat |
| Polyester | Polytetrafluoräthylen |
| Polyvinylpyrrolidon | Polytrifluorchloräthylen |
| Naturkautschuk | Polymethacrylsäure |
| Synthesekautschuke | Polyvinylchlorid |
| Polysiloxane | (HCl-Abspaltung) |
| Polyvinylalkohol | Poly-α-Methacrylnitril |
| Polyacrolein | Polyäthylenterephthalat |
| Polyacrylsäure | |
| Polyvinylalkylester | |
| Polyvinylmethylketon | |
| Polymethylen | |
| chloriertes Polyäthylen | |
| chlorsulfoniertes Polyäthylen | |
| Polyacrylnitril | |
| sulfoniertes Polystyrol | |
| Polyäthylenoxid | |

Die experimentellen Arbeiten zur strahlenchemischen Vernetzung konzentrieren sich fast ausschließlich auf die Polymeren: Polyäthylen, PVC und einige Kautschuktypen.

*3.4.1. Strahlenchemische Vernetzung von Polyäthylen.* Die Vernetzung von Polyäthylen wird in mehreren Ländern im großtechnischen Maßstab durchgeführt. Voraussetzung hierfür war natürlich, daß die strahlenchemischen Prozesse der Vernetzung und ihre Einflüsse auf die physikalischen, mechanischen, thermischen und elektrischen Eigenschaften intensiv untersucht waren [z. B. 201 – 204]. Die wichtigste angestrebte Eigenschaftsverbesserung ist die Erhöhung der Wärmeformbeständigkeit. Während unbestrahltes Polyäthylen einen relativ engen Schmelzbereich bei 115 – 120 °C hat, erhält man z. B. bei der Bestrahlung im Vakuum mit einer Dosis von 2 Mrd (= $2 \cdot 10^4$ Gy) ein vernetztes Polyäthylen, das bei 300 °C unschmelzbar ist. Im industriellen Maßstab wird in vielen Ländern die strahlenchemische Vernetzung von Folien und Kabelummantelungen durchgeführt, wobei die Bestrahlung kontinuierlich mit Elektronenbeschleunigern erfolgt. Die erforderliche Dosis liegt zwischen 2 und 20 Mrd, ($2 \cdot 10^4$ und $2 \cdot 10^5$ Gy) je nach der Form und Dicke des Polyäthylens. In der DDR existiert eine Produktionsanlage zur strahlenchemischen Kabelvernetzung im VEB Kabelwerk Meißen. Schwieriger ist die Bestrahlung von Polyäthylen-Rohren größeren Durchmessers und größerer Wandstärke. Eine Produktionslinie für die Extrusion von dünnen Rohren mit Durchmessern bis 8 mm und Wandstärken bis 0,5 mm arbeitet bei einer Durchlaufrate von 120 – 180 m/h wirtschaftlich. Die Rohre passieren mehrmals das Strahlenfeld des Beschleunigers [211]. In Japan wurde die Herstellung von strahlenchemisch vernetztem Polyäthylenschaumstoff entwickelt und in die industrielle Fertigung übergeführt. Hierbei wird das mit dem Schäummittel vermischte Polyäthylen bei erhöhter Temperatur bestrahlt, wobei gleichzeitig die Zersetzung des Schäummittels und die Vernetzung des Polyäthylens stattfindet [212].

Eine weitere Entwicklung der strahlenchemischen Modifizierung von Polyäthylen betrifft die Herstellung von Schrumpffolien [213]. Die nach dem Folienblasverfahren hergestellten Polyäthylenfolien werden mit einem Elektronenbeschleuniger vernetzt und danach mit heißer Luft zu einem dünnen Schlauch aufgeblasen und unter Spannung abgekühlt. Bei erneuter Erwärmung schumpft diese Folie ungefähr auf die ursprünglichen Abmessungen zurück und bietet dadurch gute Möglichkeiten für die Verpackungs- u. Elektroindustrie. Die strahlenchemisch hergestellten Schrumpffolien sind physiologisch unbedenklich und deshalb für die Verpackung von Lebensmitteln geeignet [214]. Für den Einsatz von Polyäthylen z. B. in der Kabelindustrie ist oft eine Behandlung mit Flammenschutzmitteln erforderlich. Die Probleme der Entwicklung von strahlenchemisch modifizierten selbstverlöschenden Polyäthylen-Mischungen wurden von *Solnyškova* [216] bearbeitet. Versuche zur strahlenchemischen Vernetzung unterschiedlich stabilisierter Polyäthylen-Mischungen haben *Schaudy* u. Mitarbeiter [217] durchgeführt.

Während bei allen bisherigen Verfahren zur Polyäthylenvernetzung entweder im Vakuum oder in Inertgasatmosphäre gearbeitet wurde oder durch sehr kurze Bestrahlungszeiten der nachteilige Einfluß von Luftsauerstoff auf die Vernetzung vermindert wird, kann man die Reaktion der bei der Bestrahlung gebildeten Radikale mit Sauerstoff bewußt zur Verbesserung der Haftfestigkeit ausnutzen. So bildet an Luft mit 4 Mrd (= $4 \cdot 10^4$ Gy) bestrahltes Polyäthylenpulver einen Überzug mit hoher Haftfestigkeit an Stahl [218].

Die für eine ausreichende Vernetzung erforderliche Strahlendosis bestimmt bei Produktionslinien weitgehend die Durchlaufgeschwindigkeit von Extrudaten, Folien oder Kabelummantelungen durch das Strahlenfeld des Beschleunigers und damit die Ökonomie des Verfahrens. Aus diesem Grund wurden zahlreiche Arbeiten zur Erniedrigung der Strahlendosis für die Polyäthylenvernetzung durch chemische Zusätze durchgeführt. Diese hatten vor allem mit Acrylsäure Erfolg [205 – 207]. So beträgt z. B. die zur Vernetzung einer Polyäthylenfolie in wäßriger Acrylsäure notwendige Dosis nur 0,1 Mrd (= $10^3$ Gy) [208]. Auch die Gegenwart von Acetylen oder eine Mischung von Acetylen und Tetrafluoräthylen wirkt merklich beschleunigend auf die strahlenchemische Vernetzung [209, 210]. Der Gelanteil einer Polyäthylenfolie nach der Bestrahlung im Vakuum beträgt bei einer Dosis von 4 Mrd (= $4 \cdot 10^4$ Gy) 15,4 Gew. %, bei Anwesenheit von Acetylen 59,2 Gew. % und bei Anwesenheit von Acetylen und Tetrafluoräthylen 76,9 Gew. %. Eine weitere für die Anwendung im technischen Maßstab geeignete Methode für die Verringerung der Strahlendosis ist die Zugabe von polyfunktionellen ungesättigten Verbindungen zum Polyäthylen [219], wobei allerdings Probleme infolge der geringen Löslichkeit dieser polaren Substanzen im Polyäthylen existieren. Aus diesem Grund erscheint die Kombination von Polyäthylen niederer Dichte mit Äthylen-Propylen-Terpolymeren besser geeignet [220]. Diese eingesetzten ungesättigten kautschukartigen Copolymeren mit 8 Mol-% 5-Äthyliden-2-norbornen werden mit einer Strahlendosis von 6 – 13 Mrd (= $6 - 13 \cdot 10^4$ Gy) bereits zu 70% vernetzt und die Mischungen aus Polyäthylen und dem Terpolymeren weisen nach ihrer Strahlenvernetzung interessante anwendungstechnische Eigenschaften auf.

*3.4.2. Strahlenchemische Vernetzung von PVC.* Im Vergleich zur strahlenchemischen Polyolefinvernetzung spielt die Vernetzung von Polyvinylchlorid unter Einwirkung energiereicher Strahlung noch eine untergeordnete Rolle. Die Ursache ist wahrscheinlich die HCl-Abspaltung infolge Radiolyse des PVC, die mit *G*-Werten um 6 verläuft und damit zur Verfärbung und thermischen Instabilität führt. Erst die Feststellung, daß durch Zugabe polyfunktioneller Monomerer die zur Gelbildung von PVC erforderliche Strahlendosis von 15 bis 20 Mrd (= 1,5 bis $2{,}0 \cdot 10^5$ Gy) [259] bis auf 0,5 Mrd ($5 \cdot 10^3$ Gy) erniedrigt werden kann [260], machte die strahlenchemische Vernetzung technisch interessant. Die ersten Versuche zur strahlenchemischen Vernetzung von PVC mit mehrfunktionellen Zusätzen wurden mit Allylestern [257] sowie mit Dimethacrylaten oder Divinylbenzol [258] durchgeführt. *Salmon* und *Loan* [261] untersuchten die Wirksamkeit von trifunktionellen Monomeren wie Trimethylolpropantriacrylat bzw. -trimethacrylat und fanden eine 40mal höhere Empfindlichkeit bei der Strahlenvernetzung im Vergleich zu Tetraäthylenglykoldimethacrylat, einem bifunktionellen Monomeren. Die Zusätze wirken gleichzeitig günstig auf die Verringerung der Dehydrochlorierung [255, 256].

*3.4.3. Strahlenchemische Vulkanisation.* Infolge ihres hohen Gehalts an Doppelbindungen sollten die natürlichen oder synthetischen Kautschuke für eine strahlenchemische Vulkanisation besonders geeignet sein, wobei der Zusatz von Schwefel und Vulkanisationshilfsmitteln fortfallen könnte. Diese Überlegungen führten zu zahlreichen Arbeiten über die Einwirkung energiereicher Strahlung auf die unterschiedlichsten Kautschuke, wobei neben der Verfolgung der Vernetzung die Änderung der mechanischen und anwendungstechnischen Eigenschaften im Vordergrund stand [z. B. 222—225]. Als Ergebnis wurden in der UdSSR eine halbtechnische Anlage zur strahlenchemischen Vulkanisation von Reifen [226] und in Frankreich eine Technikumsanlage zur Bestrahlung von 2 t Kautschuk-Latex pro Stunde bei einer Dosis von 1,5 Mrd (= $1{,}5 \cdot 10^4$ Gy) zur Vorvulkanisation mit einem 6-MeV-Linearbeschleuniger [133] in Betrieb genommen. Arbeiten zur Vorstrukturierung von Polyisopren durch Wärmeeinwirkung oder γ-Bestrahlung mit dem Ergebnis einer Verbesserung wichtiger mechanischer Eigenschaften wurden in letzter Zeit ebenfalls in der UdSSR durchgeführt [238].

Die für Kohlenwasserstoffkautschuke zur Vulkanisation erforderliche Strahlendosis liegt zwischen 10 und 30 Mrd (= 1 und $3 \cdot 10^5$ Gy). Trotz mehrfacher erfolgreicher Versuche, durch Zusätze wie Dimaleinsäureimide [227], Tetrachlorkohlenstoff, Öle oder Schwefel [228], Hexachloräthan oder Chloranil zusammen mit Dimethacrylaten oder N-substituierten Dimethacrylamiden [229] oder Oligoesteracrylaten [230] die Strahlendosis herabzusetzen, ist die Strahlenvulkanisation aus ökonomischen Gründen bisher im technischen Maßstab unbedeutend geblieben. Außerdem sind auch einige Eigenschaftsverschlechterungen wie geringere Ermüdungsbeständigkeit der Vulkanisate im Vergleich zur chemischen Vernetzung über Schwefelbrücken festgestellt worden, so daß neuere Ansichten die Strahlenvulkanisation als eine teure Alternative zur chemischen Vulkanisation bezeichnen und ihr in den nächsten 10 oder mehr Jahren keine Bedeutung beimessen [231].

Während die serienmäßige Strahlenvulkanisation der Kohlenwasserstoffkautschuke offensichtlich ökonomische Nachteile hat, scheint die Vernetzung einiger Spezialkautschuke günstigereVoraussetzungen zu haben. So gelingt die Vulkanisation von Siliconkautschuk mit Hilfe von Elektronenstrahlen bei relativ geringen Dosen z. B. 3 Mrd (= $3 \cdot 10^4$ Gy), wobei die mechanischen und elektrischen Eigenschaften der Vulkanisate denen von chemisch vernetzten Proben gleichen [232] bzw. ihnen hinsichtlichlich der Hitzealterung bei 275 °C wesentlich überlegen sind [239]. Auch Mischungen aus Polychloropren und Ruß, die mit einer Dosis von 8 Mrd (= $8 \cdot 10^4$ Gy) vulkanisiert wurden, weisen ebenfalls sehr gute Festigkeit und Dehnung auf [233]. Von mehreren Autoren wurde die strahlenchemische Vernetzung von Fluor enthaltenden Elastomeren untersucht [234—237]. Trotz der Möglichkeit eines höheren strahlenchemischen Abbaus scheinen sich bei einigen Copolymeren günstigere Eigenschaften im Vergleich zur chemischen Vulkanisation zu ergeben.

*3.4.4. Strahlenchemische Lackhärtung.* Die strahlenchemische Lackhärtung mit Elektronenbeschleunigern hat seit etwa 10 Jahren technische Bedeutung als schnell arbeitendes Beschichtungsverfahren. Durch die Vorzüge — hohe Energie der Strahlung, größere Eindringtiefe auch in pigmentierte Lackschichten und Fortfall teuerer Zusatzstoffe wie Peroxide und Sensibilisatoren — hat sie sich im Konkurrenzkampf mit der Lackhärtung durch UV-Strahlung auf verschiedenen Gebieten durchgesetzt. Während die Härtung mit Elektronenstrahlen in Bruchteilen von Sekunden erfolgen kann, benötigt man für die photochemische Lackhärtung Zeiten zwischen 1 s und 1 min [240]. Diese geringen Härtungszeiten verbunden mit hohen Beschichtungsgeschwindigkeiten auf kontinuierlichen Maschinen ohne große Trockenöfen für die Lacktrocknung waren in den ersten Jahren die attraktivsten Vorteile dieses Verfahrens. In den letzten Jahren erlangte dagegen die Umweltfreundlichkeit des Verfahrens eine zunehmende Bedeutung, denn für die strahlenchemische Lackhärtung werden in erster Linie lösungsmittelfreie Lacke eingesetzt [241]. Mit zunehmender Durchsatzgeschwindigkeit bei der kontinuierlichen Bandbeschichtung wird die Elektronenstrahlhärtung den Verfahren der UV-Härtung und der konventionellen Einbrennlackierung immer deutlicher überlegen. So liegen die Beschichtungskosten bei einer Bandgeschwindigkeit von 30 m/min bei der UV-Härtung um 15% und bei der Einbrennhärtung um 65% höher, während sie bei einer Bandgeschwindigkeit von 100 m/min bereits doppelt bzw. dreifach so hoch liegen [242]. Von *Vroncken* wird eingeschätzt, daß die Strahlungshärtung angesichts der steigenden Energiekosten und Lösungsmittelpreise nicht nur unter technischen Gesichtspunkten die beste Wahl ist, sondern auch die wirtschaftslichste [243]. Moderne Elektronenstrahl-Beschichtungsanlagen arbeiten bereits mit Geschwindigkeiten zwischen 100 und 300 m/min [244].

Die ersten Anwendungen der Elektronenstrahlhärtung von Lackschichten erfolgten auf dem Gebiet der Möbellackierung, da hier mit dem Einsatz von Polyesterlacken eine radikalische Polymerisation bereits üblich war [249, 250]. Später erfolgte die Anwendung dieser Methode auch in der Druckindustrie [245], zur Blechbeschichtung [246, 247] und zur Drahtlackierung [248]. Typische Betriebsdaten für Beschleunigeranlagen sind Beschleunigungsspannungen zwischen 100 und 500 kV und Leistungsaufnahmen zwischen 10—100 kW. Die Tendenz geht zu möglichst geringen Beschleunigungsspannungen (< 150 kV) [242].

Als lösungsmittelfreie Beschichtungssysteme für die Elektronenstrahlhärtung werden angegeben: ungesättigte Polyester-Harze, modifizierte Acrylate, Epoxide und Urethane. Zur Viskositätseinstellung werden reaktive Monomere, v. a. Acrylsäureester mit hohem Siedepunkt, verwendet, die unter dem Einfluß der Strahlung gemeinsam mit den ungesättigten Oligomeren vernetzen [251, 252]. Außerdem kommen Diallylphthalat-Präpolymere, Polyaddukte aus Polyacrylaten z. B. aus Methylmethacrylat, Äthylacrylat und Glycidylmethacrylat oder aus Acrylsäure und Bisphenol-A-diglycidyläther oder Addukte aus Bishydroxyäthylmethacrylat und einem Reaktionsprodukt eines Polyols mit 2 Mol Toluylendiisocyanat [253] in Frage. Gegen Sauerstoff unempfindliche Beschichtungsmaterialien sind Polymere auf der Basis von Urethanoligomeren und Hydroxyäthylacrylat, 2-Äthoxyäthylacrylat oder 2-Äthylhexylacrylat [254].

Auf die Schwierigkeiten der Haftung der Lacke auf Metallen weisen *Rosenberger* und *Heusinger* hin, indem sie die Abhängigkeit der Härte, Elastizität und Haftfestigkeit der Lacke in Abhängigkeit von der Zusammensetzung und den Bestrahlungsbedingungen untersuchten. Eine Optimierung dieser Eigenschaften kann durch gezielte chemische Modifizierung der Präpolymeren, geeignete Formulierung der Lacksysteme und durch die Wahl der Bestrahlungsbedingungen erreicht werden [247].

Aus der Aufreihung der für die Elektronenstrahlhärtung geeigneten Bindemittel ist das Hauptproblem für die weitere industrielle Anwendung dieses Verfahrens ersichtlich. Ihre großtechnisch produzierbare Anzahl ist zu gering, und die Preise liegen z. Z. doppelt so hoch wie für thermisch härtbare Lacke gleicher Basis. Weitere Nachteile sind die Inhibierung des Härtungsvorganges durch Luftsauerstoff, die den Einsatz von Schutzgasen, speziellen Bindemitteln oder geeigneten Zusätzen zum Lack erfordern und die Tatsache, daß nur ebene Flächen und bei entsprechender Bestrahlung auch Drähte oder strangartig profilierte Flächen, nicht aber verformte Bleche wie Automobilkarosserien, Kühlschränke u. dgl. nach diesem Verfahren beschichtet werden können. Beispiele der industriellen Elektronenstrahl-Lackierung sind in den USA die Beschichtung von Armaturenbrettern aus ABS und die Lakkierung von Holz-Spanplatten [251]. Bei dem ersten Anwender der Elektronenstrahlhärtung in Europa, einem großen Türenproduzenten, führte diese Technik zu einer starken Produktivitätssteigerung. Während nach der alten Technologie pro Arbeitstag 2000 Türen in 2 Arbeitsschichten produziert wurden, erhöhte sich diese Zahl nach Einführung der Elektronenstrahlhärtung im Jahr 1973 auf 3000—4000 pro Schicht [240].

## 4. Strahlensynthese durch radiolytischen Abbau von Polymeren

Die abbauende Wirkung der energiereichen Strahlung auf Hochpolymere ist seit mehreren Jahrzehnten Gegenstand der Forschung, meist mit dem Ziel der Ermittlung der Strahlenschäden, mitunter auch dem Aufsuchen von Möglichkeiten ihrer Herabsetzung. Erst in jüngster Zeit beginnt man zunehmend den radiolytischen Abbau gezielt für die Synthese wertvoller Stoffe zu nutzen.

Industrielles Interesse besteht für den strahlenoxydativen Abbau von Polyäthylen [261, 263, 264] zu Wachsen, der mit der Photo- [265] bzw. Thermooxydation [266] des PE vergleichbar ist. Die chemischen Veränderungen, werden von der Struktur des Makromoleküls beeinflußt [267]. Eine Hauptreaktion des strahlenoxydativen Abbaus ist der Zerfall des tertiären Hydroperoxids zum Alkoxy-Radikal, das sich in ein Keton umlagert. Daneben führt eine radikalische Rekombination zur Ausbildung von Ätherbrücken. Eine merkliche Beschleunigung der Strahlenoxydation nach einem Radikalkettenmechanismus ist in einer Atmosphäre halogenierter Methanderivate zu erreichen [268].

Der strahlenoxydative Abbau von Polyäthylen mittels Ozon [202] führt ebenfalls bevorzugt zu Ketogruppierungen im Folgeprodukt. Diese stimulieren ihrerseits die Kettenspaltungs- und -verzweigungsreaktionen [270]. Der Anteil an Doppelbindungen und der Kristallinitätsgrad des Polyäthylens wirken sich auf die Ausbeute an Spaltprodukten aus [271].

Zur technischen Herstellung von Polyäthylenoxiden, die je nach ihrer Molmassenverteilung speziellen Anwendungszwecken zugeführt werden, geht die Union Carbide Corporation (USA) [272] von einem einheitlichen Industriepolymerisat höherer Molmasse aus, das dem relativ billigen Bestrahlungsprozeß in Gegenwart von Sauerstoff unterworfen wird. Durch Variierung der Bestrahlungsbedingungen werden die Produkteigenschaften reguliert.

In jüngster Zeit gewinnt auch der strahlenchemische Abbau des Polytetrafluoräthylens (PTFE) zunehmend an technisch-ökonomischem Interesse [281]. Gegenwärtig werden im Weltmaßstab einige tausend Tonnen PTFE mit mechanischen und thermischen Methoden reformiert. Ein strahlenchemisches Verfahren, das $^{60}$Co-Strahlung verwendet [273], führt zu einem feinkörnigen Pulver mit einem Molekulargewicht von etwa $10^4$—$10^5$. Nach einer Vorbestrahlung des PTFE-Abfallmaterials mit 5—20 Mrd (5—20 · $10^4$ Gy) bei Zimmertemperatur wird für einige Zeit auf 250—300 °C erhitzt, um alle entstandenen Polymerradikale umzusetzen [274].

Die Chemie des strahlenchemischen Abbaus wird als Radikalreaktion beschrieben. Molekularer Sauerstoff und Halogenderivate des Methans [268] spielen eine wichtige Rolle bei der Kettenübertragung und steigern die Ausbeute an niedermolekularen Produkten. Als Ergebnis der Strahlenbehandlung wird ein PTFE-Wachs erhalten, das eine hohe chemische und thermische Stabilität besitzt und als Zusatz für verschiedene Schmiermittel, als Mischungskomponente für eine Reihe von Polymeren zur Herabsetzung des Reibungswiderstandes und als Beschichtungsmittel eine technische Anwendung finden kann.

Für den strahlenchemischen Abbau des PTFE werden auch Elektronenbeschleuniger eingesetzt [275]. Durch eine Variierung der experimentellen Bedingungen, z. B. durch Zugabe chemisch wirksamer Substanzen, kann der Reaktionsverlauf beeinflußt werden, so daß neben festen Radiolyseprodukten auch mit höherer Ausbeute Gase und Flüssigkeiten erhalten werden [276—280].

Erwähnenswert ist weiterhin ein Radiolyseverfahren makromolekularer Naturstoffe, das für die Papierindustrie von Bedeutung ist. Durch die ionisierende Strahlung wird eine bakterielle Schädigung der Holzanteile im Papierbrei verhindert, und es wird ein radiolytischer Abbauprozeß ausgelöst, der den chemischen Aufschluß des Holzes erleichtert. Diesem Verfahren wird in den USA eine breite technische Anwendung vorausgesagt [281].

Eingegangen am 30. 8. 1979

## Literatur

[1] *B. Chutny, I. Kučera*, Rad. Res. Reviews 5 (1974) 1
[2] *H. Güsten*, Chemiker-Zeitung — Chemische Apparatur **96** (1972) 279
[3] *V. Goldanski*, Ideen des exakten Wissens **1** (1970) 631

[4] *I. V. Vereščinskij*, Khim. Vys. Energ. **4** (1970) 483
[5] *L. T. Bugaenko, V. V. Saraeva, B. L. Tsellin*, Razv. Fiz. Khim. SSSR, 1917 – 1967 Akad. Nauk SSSR, Inst. Istor. Estestvozn. Tekh. 1967, S. 345
[6] *N. G. Konkov, V. N. Antonov, V. I. Gorgonov*, u. a., Large Radiat Sources Ind. Prozesses (Proc. Symp. Munich 1969) IAEA, Vienna 1969, S. 109
[7] Isotopes Radiat. Technol. **7** (1970) 462
[8] *S. Rösinger*, Chem.-Ing.-Technik **42** (1970) 1236
[9] SVA-Bulletin **1970**, 2, S. 11
[10] *V. B. Osipov, L. D. Solodikhina*, AEC-tr-7138, S. 19 – 26 Translated Radiats Tekh. **1969**, 3
[11] *A. Henglein*, Z. Phys. Chem. **9** (1956) 285
[12] *A. Saus, F. Asinger, P. Hofmann*, Tenside Detergents **10** (1973) 113
[13] *R. V. Dzhagatspanyan, V. B. Osipov, L. D. Solodikhina*, At. Energ. **25** (1968) 314
[14] *V. B. Osipov, V. M. Simonov, D. P. Bodrov*, AEC-tr-7138, S. 93; Translated Radiats. Tekh. 1969, 3
[15] *V. B. Osipov, V. P. Guteev, R. V. Dzhagatspanyan*, AEC-tr-7138, S. 223; Translated Radiats. Tekh. 1969, 3
[16] *M. I. Purtowa*, Isotopenpraxis **5** (1969) 209
[17] *A. K. Pikaev, I. M. Barkolov*, J. Vses. Khim. Obshchest. **18** (1973) 42
[18] *L. Wiesner*, Jahrbuch der Atomwirtschaft **1972**, A 27
[19] *S. Jefferson, R. Roberts, F. J. Ley*, Advan. Nucl. Sci. Technol. **1968**, 335
[20] *D. E. Harmer, D. S. Ballantine*, Chem. Engin. **78** (1971) 10, S. **91**
[21] *S. Rösinger*, Large Radiat. Sources Ind. Processes (Proc. Symp. Munich, 1969) IAEA, Vienna 1969, S. 91
[22] *M. Hartmann, V. Henklein, M. Zander*, Literaturstudie AdW der DDR WIZ, Berlin 1974, S. 13
[23] *N. Getoff*, Nature **210** (1966) 940
[24] *R. Schrader, S. Schönherr*, Z. anorg. Chemie **348** (1966) 168
[25] *R. Ohme, A. Zubeck*, Z. Chemie 8 (1968) 4
[26] *D. A. Landsmann*, Nuclear Engng. **7** (1962) 50
[27] *B. G. Dzantiev, A. K. Krasin, G. A. Nichipor*, Dep. NTIS (U. S. Sales Only) (NP-19097) **1970**, S. 205
[28] *T. Oka, R. Kato, S. Sato*, Bull. Chem. Soc. Jap. **41** (1968) 2192
[29] *H. Arino, H. H. Kramer, F. Osterholtz*, Ind. J. Appl. Radiat. Isotopes **19** (1968) 799
[30] *A. T. Podkhalyuzin, A. E. Trishkin*, USSR Pat. No. 19756 Bull. Izobr. **1967**, Nr. 13
[31] *H. Drawe*, Dr. A. Hüthig-Verlag, Heidelberg **1973**
[32] *U. Schindewolf*, Chemie-Ing.-Techn. **36** (1964) 15
[33] *L. Wuckel*, Chemische Technik **20** (1968) 1
[34] *P. Harteck, S. Dondes*, Nucleonics **14** (1956) 22; **15** (1957) 124
[35] *H. Drawe*, Chemiker-Zeitung **100** (1976) 212
[36] *C. T. Pumpelly, B. W. Wilkinson*, Can. P. Nr. **649718** (2. Oktober 1962)
[37] *D. E. Harmer*, New Scientist **20** (1963) 458
[38] *S. Rösinger*, Chemie-Ing.-Technik **37** (1965) 128
[39] *H.-C. Yuan*, Isotopenpraxis **7** (1971) **1**
[40] *A. A. Beer, P. A. Zagorets, V. F. Inozemtsev*, At. Energ. **29** (1970) 461
[41] *J. Y. Yang, C. C. Thomas jr., H. T. Cullinan jr.*, Ind. Eng. Chem. Prozess Des. Develop. **9** (1970) 214
[42] *H. T. Cullinan, H. Rhambia, J. Y. Yang*, Ind. Eng. Chem. Prozess Des. Develop. **9** (1970) 222
[43] *Y. S. Kim, J. B. Do*, J. Nucl. Sci. **16** (1970) 23
[44] *A. F. Fentiman, R. E. Wyant, J. L. McFavling*, J. Organometal. Chem. **6** (1966) 645
[45] *L. V. Abramova, N. I. Sheverdina, K. A. Kocheshkov*, USSR-Pat. 136313
[46] *V. Y. Miretshii, I. V. Vereschinski, A. J. Ivanow*, Khim. Vysok. Energii **3** (1969) 231
[47] *P. A. Zagorjets, A. G. Shostenko, A. M. Dodonov*, High Energy Chem. **5** (1971) 501
[48] *H. Drawe, K. Gorzny*, BRD OS 1937577 (CL.CO7f, CO8g), **1969**
[49] *M. Renz, K. Wunder, H. Drawe*, Z. Naturforsch. **226** (1967) 486
[50] *H. Drawe*, Radiochim. Acta 13 (1970) 81
[51] *G. L. Kochanny*, US Pat. 3682804 (CL.204 – 162 HE; BO1j), **1969**
[52] *L. I. Kartasheva, A. K. Pikaev*, Proc. Symp. Radiat. Chem. 2nd Tihany 1966, S. 399
[53] *Z. N. Yurev, V. D. Timofeev, E. A. Borisov*, Neftekhimiya **1970**, 251
[54] *A. Danno, H. Hotta, A. Terakawa*, Herstellung von Phenol, Can. P. 682888, **1960**
[55] *V. D. Timofeev, Z. N. Yurev*, Petrol. Chem. **10** (1970) 5
[56] Imperial Chem. Ind. of Australia and New Zealand Ltd. Irradiaton of methanol to give Formaldehyd Fr. 1551277 (Cl. CO7c), **1968**
[57] *Sunada, Kinoshita*, US-Pat. Nr. 3326786
[58] Atomwirtschaft-Atomtechnik **18** (1973) 264
[59] *M. Steinberg*, Process Radiat. Plast. Ind., Pullmann **1969**, VIII, S. 1
[60] *G. Caspari, H. Drawe, A. Henglein*, Radiochim. Acta 8 (1967) 513
[61] *R. Sasin, W. F. Olzewski, I. R. Russel, D. Swern*, J. Amer. Chem. Soc. **81** (1959) 6275
[62] *D. Perner, A. Henglein*, Z. Naturf. **12b** (1962) 703
[63] *P. T. Adams, J. H. Baxendale*, J. Amer. Chem. Soc. **80** (1958) 4215
[64] *K. Hirota, M. Hatada, N. Ohtsuka*, Research on Polymers **4** (1962) 219
[65] *F. W. Lampe, J. Snyderman, W. H. Johnston*, J. Phys. Chem. **70** (1966) 3934
[66] *B. G. Dzantiev, A. V. Shishkov*, Khim. Vysok. Energy **1** (1967) 111
[67] *H. Drawe, K. Grübel*, Z. Naturf. **24b** (1969) 1404
[68] *K. Kawamura, S. Aoki*, J. of the Atomic Energy Society of Japan **14** (1972) 11, S. 19
[69] *A. Chapiro*, Radiation Chemistry of Polymeric Systems, J. Wiley, London 1962
[70] *Y. Tabata*, Radiation-Induced Polymerization, in Vinyl Polymerization Part II, Ed. by G. E. Ham, M. Dekker 1969, S. 305
[71] *J. E. Wilson*, Radiation Chemistry of Monomers, Polymers, and Plastics, M. Dekker, New York 1974
[72] *Y. Tabata*, J. Polymer Sci., A1 (1963) 1049
[73] *S. Machi*, Bull of the Chem. Soc. of Japan **39** (1966) 2696
[74] *R. K. Laird*, Discuss Farad. Soc. **22** (1956) 126
[75] *R. H. Wiley*, J. Polymer Sci **57** (1962) 867
[76] *M. Steinberg*, Chem. Engng. Progr. (Symp. Ser.) **64** (83) (1968) 99
[77] *M. Takehisa, S. Machi, S. Sawayanagi*, Hydrocarbon Processing, **47** (1968) Nr. 11, 169
[78] *L. E. Kukacka*, BNL-Report Nr. 10730 (Okt. 1966); BNL-Report Nr. 50042 (Sept. 1966)
[79] *K. H. Imhausen, H. J. Renner*, Brit. Pat. 1096968
[80] *T. Wada, T. Watanabe, M. Takehisa*, J. Polymer Sci. Bd. A1 (1972) 2659
[81] *T. Watanabe, T. Wada, M. Takehisa*, J. Polymer Sci., Polymer Chem. Ed. **12** (1974) 1609
[82] *T. Watanabe, T. Wada, M. Takehisa*, J. Polymer Sci., Polymer Chem. Ed. **12** (1974) 1619
[83] *S. Senrui, T. Suwa, K. Konishi, M. Takehisa*, J. Polymer Sci.; Polymer Chem. Ed. **12** (1974) 83, 93, 105
[84] *T. Suwa, H. Nakajima, M. Takehisa, S. Machi*, J. Polymer Sci.; Polymer Letters Ed. **13** (1975) 369
[85] *S. Senrui, A. Kodama, M. Takehisa, J.* Polymer Sci., Polymer Chem. Ed. **12** (1974) 2403
[86] *S. Hashimoto, W. Kawakami*, Ind. Eng. Chem., Process Res. Develop. **15** (1976) 244
[87] *S. Hashimoto, W. Kawakami*, Ind. Eng. Chem. Process Res. Develop. **15** (1976) 549
[88] *G. D. Bukatov, V. A. Zacharov*, u. a., Kinetika i Kataliz (Kinetik u. Katalyse) **12** (1971) 1357
[89] *S. Russo, V. T. Stannett*, Makromol. Chem. **143** (1971) 47 u. 57
[90] *M. Tavan, G. Palma, M. Carenza, S. Brugnaro*, J. Polymer Sci.; Polymer Chem. Ed. **12** (1974) 411
[91] *G. Palma, L. Sebastiani, M. Tavan, M. Carenza, S. Brugnaro*, J. Polymer Sci.; Polymer Chem. Ed. **13** (1975) 1029
[92] *V. S. Tichomirov, V. I. Serenkov*, Plast. Massy, Moskau **1971**, Nr. 6, S. 6
[93] *V. S. Tichomirov, V. I. Serenkov, G. I. Salkind, R. G. Gumen, A. B. Pawlov*, Plast. Massy, Moskau **1971**, Nr. 11, S. 37
[94] *N. K. Henderson, S. Yamakowa, V. T. Stannett*, J. Macromol. Sci., Chem. **A9** (1975) 415
[95] *J. Barriac, R. Knorr, E. P. Stahel*, Am. Chem. Soc., Div. Polymer Chem. Polymer Prepr. **16** (1975) 205
[96] *A. M. Smirnov, V. I. Luchovichij, R. M. Pozdeeva, V. L. Karpov*, Plast. Massy. Moskau **1977**, Nr. 3, S. 18
[97] *G. Ellinghorst, D. O. Hummel*, Angew. Makromol. Chem. **63** (1977) 157
[98] *J. Dobó*, Proceedings of the third Tihany Symposium on Radiation Chemistry, Akadémiai Kiadó, Budapest 1972, S. 679
[99] *Y. Tabata, W. Ito*, u. a. J. Macromol Sci., Chem. **A4** (1970) 789
[100] *M. A. Bruk, K. K. Tschuiko*, u. a. Vysokomol. soed. Ser. A, **14** (1972) 794
[101] *A. M. Zaozerov, A. V. Sorokin*, Dokl. Akad. Nauk SSSR, Ser. Khim, **210** (1973) 349
[102] *Ch. Schneider, C. Heseding, D. O. Hummel*, Proceedings of the third Tihany Symposium on Radiation Chemistry, Akadémiai Kiadó, Budapest 1972, S. 757
[103] *V. A. Goldin, E. L. Mendelson, A. Kh. Breger*, u. a., Proceedings of the third Tihany Symposium on Radiation Chemistry, Akadémiai Kiadó, Budapest 1972, S. 693
[104] *A. D. Abkin, P. M. Chomikovskij, E. V. Volkova, V. I. Luchovikkij*, Zh. Vses. Khim. Obshchest. **18** (1973) 246

[105] *I. Kaetsu*, Plast. Ind. News **22** (1976) Nr. 7, S. 97; Nr. 8, S. 113
[106] *M. Steinberg, P. Colombo*, in: Industrial Uses of Large Radiation Sources Proc. Conf. Salzburg, 1963, S. 127, IAEA Vienna 1963
[107] *H. Mitsui, K. Tsuneta*, u. a., J. Chem. Soc. Japan, Ind. Chem. Sect **74** (1971) 1918
[108] *P. Colombo, L. E. Kukacka, J. Fontana*, J. Polymer Sci., Part A **4** (1966) 29
[109] *M. Ho, S. Miyazima*, J. Chem. Soc. Japan, Ind. Chem. Sect. **69** (1966) 535
[110] *Y. Tabata, K. Ishigure, H. Sobue*, J. Polymer Sci., Part A2 (1964) 2235
[111] *G. Kojima, Y. Tabata*, J. Macromol. Sci. **A6** (1972) 417
[112] *O. Matsuda, J. Okamoto, M. Ito, A. Danno*, J. Polymer Sci., Polymer Chem. Ed. **12** (1974) 1871
[113] *O. Matsuda, J. Okamoto, Y. Tabata, S. Machi*, J. Polymer Sci., Polymer Chem. Ed. **14** (1976) 2307
[114] *T. Hikita, Y. Tabata, K. Oshima*, J. Polymer Sci., Polymer Chem. Ed. **10** (1972) 2941
[115] *R. A. Nabereznych, A. D. Sorokin, E. Volkova, A. V. Fokin*, Izv. Akad. Nauk SSSR, Ser Khim, **1974**, 232
[116] *S. Senrui, M. Ito, M. Takehisa*, J. Polymer Sci., Polymer Chem. Ed. **12** (1974) 627
[117] *G. Ley*, Dissertation, Universität Köln 1968
[118] *V. T. Stannett, J. A. Gervasi, J. J. Kearney, K. Araki*, J. appl. Polymer Sci. **13** (1969) 1175
[119] *E. P. Stahel, V. T. Stannett*, Large Radiation Sources in Ind., Proc. IAEA Conf. München 1969, S. 135
[120] *R. E. Greene, R. S. Allen, J. A. Ransohoff, D. G. Woodward*, Isotopes Radiat. Techn. **9** (1971) 92
[121] *T. O'Neill, J. Pinkava, J. I. Hoigné*, Proceedings of the third Tihany Symposium on Rad. Chem., Akadémiai Kindó, Budapest 1972, S. 713
[122] *N. Friis, K. Singer*, u. a., Pure Appl. Chem. **1** (1972) 87
[123] *A. D. Abkin, G. N. Gerasimov*, Vysokomol. soed. Ser. A **13** (1971) 240
[124] *A. Chapiro*, Chimia **21** (1967) 454
[125] *G. Hardy, K. Nyitrai, F. Cser*, J. Amer. Chem. Soc. **98** (1976) 7109
[126] *J. F. Puig, R. Goulouband*, J. Chim. Phys. Physico-Chim., Biol. **72** (1975) 709–718
[127] *S. Okamura, K. Hayashi, Y. Nakamura*, Radiation and Isotopes (Japan) **3** (1960) 416
[128] *A. Ito, K. Hayashi*, Hydrocarbon Processing **47** (1968) Nr. 11, S. 197
[129] *I. Ishigaki, A. Ito* u. a., J. Polymer Sci. Ser. A-1, 8 (1970) 3061
[130] *M. Takehisa, S. Machi, S. Sawayanagi*, Hydrocarbon Processing. **47** (1968) Nr. 11, S. 169
[131] *M. L. Sagu, K. M. Sharan, I. Swarup, D. S. Rawat, K. K. Bhattacharya*, Angew. Makromol. Chem. **62** (1977) 45
[132] *H.-G. Elias*, Makromoleküle – Struktur – Eigenschaften – Synthesen – Stoffe, Verlag Hüthig u. Wepf, Basel, Heidelberg 1975, S. 622
[133] *H. Drawe*, Angewandte Strahlenchemie, Hüthig Verlag, Heidelberg 1973, S. 41
[134] *F. Williams*, in: Large Radiation Sources for Industrial Processes, Proc. IAEA Conf. München 1969, S. 247
[135] *V. T. Stannett, T. H. Du Plessis, A. M. Goineau*, J. appl. Polymer Sci. **16** (1972) 2847
[136] *T. Tsuruta, F. Williams*, J. macromol. Sci. **A6** (1972) 919
[137] *A. Chapiro*, Makromol. Chem. **175** (1974) 1181
[138] *S. Rösinger* u. a., J. Polymer Sci., Part A-1, **5** (1967) 183
[139] *K. Hayashi, A. Ito, S. Okamura*, in: Large Radiation Sources for Industrial Processes, Proc. IAEA Conf., München 1969, S. 215
[140] *M. Irie, Y. Yamamoto, K. Hayashi*, J. Macromol. Sci. **A9** (1975) 817
[141] *R. B. Taylor, F. Williams*, J. Amer. Chem. Soc. **89** (1967) 6359
[142] *A. N. Popova, A. P. Sejnker* u. a., Vysokomol. soed. Ser. A, **10** (1968) 1735
[143] *E. P. Stahel, V. T. Stannett*, in: Large Radiation Sources for Industrial Processes, Proc. IAEA Conf. München 1969, S. 269
[144] *F. T. Osborne, S. Omi, V. Stannett, E. P. Stahel*, J. Polymer Sci., Part A-1, 8 (1970) 1657
[145] *J. Dobó, A. Somogyi, E. Lakner*, Plaste und Kautschuk **7** (1960) 393
[146] *I. Ju. Babkin, B. L. Cetlin*, Zh. Vses. Khim. Obshchest. **18** (1973) 263
[147] *R. I. Ceresa*, Block and Graftcopolymerziation Bd. 2, J. Wiley-Verlag 1976
[148] *E. Rexer, L. Wuckel*, Chemische Veränderungen von Stoffen durch energiereiche Strahlung; VEB Deutscher Verlag für Grundstoffindustrie, Leipzig 1965
[149] *W. I. Goldanski*, Westnik Akad. Nauk SSSR **9** (1970) 62
[150] *S. Rösinger*, Chem. Ing. Techn. **37** (1965) 128
[151] *T. Seguchi, N. Tamura*, J. Polymer Sci., Polymer Chem. Ed. **12** (1974) 1671
[152] *J. L. Garnett, N. T. Yen*, Amer. Chem. Soc., Div. Polym. Chem. Polym. Prepr. 18 (1977) 847
[153] *M. Imai*, J. Polymer Sci.; Polym. Chem. Ed. **14** (1976) 2887
[154] *K. Imre, G. Odian, A. Rabie*, J. Polymer Sci.; Polymer Chem. Ed. **14** (1976) 3045
[155] *K. Friese*, Plaste u. Kautschuk **12** (1965) 144 u. 478
[156] *J. Dobó, A. Somogy, L. Kiss*, in: Large Radation Sources in Industry, Proc. Conf. IAEA Warschau 1959 (1960) S. 423
[157] *E. W. Egorow, Ju. L. Morosow, P. D. Nowikow, S. R. Rafikow, G. G. Rjabtschikowa, B. L. Cetlin*, Strahlenchemie der Polymeren, Verlag Nauka, Moskau 1966, S. 131
[158] *N. D. Rosenblum, A. V. Chepel, L. L. Kocherginskaya, L. G. Zhitkova, Ch. A. Stasuk, E. V. Voskresenskaya*, in: Proceedings of the third Tihany Symposium on Radiation Chemistry Akademi ai Kiadó, Budapest 1972, S. 843
[159] *E. Sporkenbach, H. Langner, L. Wuckel*, Monatsber. der Deutsch. Akad. d. Wiss. Berlin **6** (1964) 57
[160] *L. Smetanina, B. M. Ivanov, V. Perepelkin, N. Garbor*, Plast. Massy (Moskau) **1976**, 8, S. 15
[161] *I. Ju. Babkin, B. L. Cetlin*, Zh. Vses. Khim. Obshchest. **18** (1973) 263
[162] *A. Furuhashi, M. Kadonaga*, J. appl. Polymer Sci. **10** (1966) 127 u. Review of the Electrical Communic. Labor **12** (1964) 755
[163] *K. Yoshida, K. Suzuki, H. Omichi, A. Sekiguchi, Y. Yamashita*, JAERI-Report Nr. 4796, Tokio, April 1972
[164] Jap. Patent 1968-27114, Erf. *K. Araki*; JAERI
[165] *H. C. Yuan*, Isotopenpraxis **7** (1971) 1
[166] *A. Danno, A. Ito*, Proc. Jap. Conf. Radioisotop Nr. 10 (April 1972) S. 526
[167] *M. Kadonaga, K. Ueda*, Chem. High Polymers, Tokyo (Kobunshi Kagaku) **21** (1964) 657
[168] *V. S. Tichomirov, J. S. Deev* u. a., Vysokomol. soed. Ser. B, **13** (1971) 256
[169] USP 3634218 vom 31. 10. 1967, Jap. Atom Energy Res. Inst.
[170] *K. Mitri, E. P. Stahel, T. Memetea, V. T. Stannett*, J. Macromol. Sci. Chem. Bd. **A11** (1977) 337
[171] *D. L. Kenaga*, US-Patente 3077417–3077420 (1958)
[172] *V. T. Lebedev, T. G. Filippova*, Plast. Massy, (Moskau) **1973**, Nr. 3, S. 21
[173] *H. Jozwiak, T. Achmatowicz-Szmajka, U. Lugowska*, Polymery **21** (1976) 360
[174] *T. Czvikovsky*, Atom. Energy Rev., IAEA Wien, **6** (1968) 3
[175] *G. W. Schirjaewa, F. S. Raitschuk, O. F. Tatarenko*, Zh. Vses. Khim. Obshchest. 18 (1973) 302
[176] *M. Pešek, J. Jarkovsky, F. Pullar*, Proceedings of the third Tihany Symposium on Radiation Chemistry, Akadémiai Kiadó, Budapest 1972, S. 807
[177] *P. Dalager, K. Singer*, ebenda S. 795
[178] *K. Fukano, E. Kageyama*, J. Polymer Sci.; Polymer Chem. Ed. **13** (1975) 1309, 1325, 2103; **14** (1976) 23, 275, 1031, 1743, 2183, 2193; **15** (1977) 65
[179] *T. R. Manley, B. Murray*, Europ. Polymer J. 8 (1972) 1144
[180] *D. A. Krickaja, A. N. Ponomarev*, Vysokomol. soed. Ser. A **16** (1974) 2020
[181] *H. L. Bail, T. Zemb, C. Chachaty*, C. R. H. Acad. Sci., Ser. C, **276** (1973) 121
[182] *J. P. Quaegebeur, T. Seguchi, H. Le Ball, C. Chachaty*, J. Polymer Sci.; Polym. Chem. Ed. **14** (1976) 2703
[183] *J. G. Rabe, W. Schnabel*, Angew. Makromol. Chem. **46** (1975) 23
[184] *A. B. Taubman, L. P. Yanova, G. S. Blyskosch, G. G. Ryabchikova, P. Y. Glasunov*, J. Polymer Sci., Part. A-1, **10** (1972) 2085
[185] *S. L. Mund, M. A. Bruk, A. D. Abkin*, Vysokomol. soed. Ser. A., 18 (1976) 2631
[186] *T. Shiga, S. Okamura*, Polymer J. **6** (1974) 1
[187] *B. Manowitz, M. Steinberg, L. Kukacka, P. Colombo*, in Large Radiation Sources for Industrial Processes, Proc. IAEA Conf. München 1969, S. 369
[188] *M. Steinberg, L. Kukacka, P. Colombo, B. Manowitz*, Trans. Am. Nucl. Soc. **13** (1970) 512
[189] *P. Godard, J. P. Mercier*, Rev. Gen. Caout. Plast. **54** (1977) Nr. 568, S. 84
[190] *L. Wuckel, L. Sawtschenko, A. Seidel*, Z. Chem. **2** (1962) 371
[191] *R. V. Džagacpanjan, L. M. Jakimenko, W. I. Cetlin, A. I. Gerschenowitsch, W. S. Pospelow*, UdSSR-P 149733, angem. 1961
[192] *R. V. Džagacpanjan, B. M. Korolev, V. A. Sokolov, W. I. Cetlin*, Vysokomol. soed. 8 (1966) 1103 u. 1745
[193] *R. V. Džagacpanjan, V. A. Sokolov, L. G. Chromenko, B. M. Korolev*, Vysokomol. soed. 8 (1966) 193

[194] *R. V. Džagacpanjan*, u. a. Vysokomol. soed. **7** (1965) 1776
[195] *R. V. Džagacpanjan, B. M. Korolev*, Vysokomol. soed. **12** (1970) 1809
[196] *A. N. Kirillov, A. V. Egunov, A. V. Čertoržskij, B. M. Korolev, G. M. Ronkin, R. V. Džagacpanjan*, Plast. Massy. (Moskau) **1977**, Nr. 8, S. 54
[197] *K. Friese, H. Rehor, J. Reinhardt*, Vortrag zur Hochpolymeren-Tagung in Karl-Marx-Stadt, Sept. 1973
[198] *K. Friese, B. Hößelbarth, H. Rehor, W. Reicherdt, J. Reinhardt, W. Kochmann, K. Trautner, P. Schmidt, D. Bertram*, DDR-WP 111388 vom 16. 5. 1974
[199] *B. Hößelbarth, F. Keller, H. Rehor, W. Reicherdt*, Plaste u. Kautschuk **24** (1977) 32
[200] *F. Keller, H. Opitz, B. Hößelbarth, D. Beckert, W. Reicherdt*, Faserforsch. u. Textiltechn. **26** (1975) 329
[201] *M. Dole*, The Radiation Chemistry of Macromolecules Bd. 1 u. 2, Academic Press 1973
[202] *R. Hosemann, H. Čačkovič, J. Loboda-Čačkovič*, Makromol. Chem. **176** (1975) 3065
[203] *G. I. Gluchovskaja, I. Nikitinskij*, Fiz.-chim. mech. mater. **7** (1971) 70
[204] *E. L. Vinogradskaja, A. L. Vdovina, N. A. Perlova*, Plast. Massy (Moskau) **1977**, Nr. 1, S. 23
[205] *A. Charlesby, D. Campbell*, in: *P. O. Kinell, B. Ranby, V. Rinnström-Reio*, ESR Appl. to Polymers Res. J. Wiley, New York 1973, S. 147
[206] *A. Charlesby, J. P. Lawler*, IUPAC, Int. Symp. Macromol. Prepr. **1** (1974) 342
[207] *K. Singer, M. Joshi, J. Silverman*, IUPAC, Int. Symp. Macromol. Prepr. **1** (1974) 518
[208] *J. P. Lawiler, A. Charlesby*, Eur. Polym. J. **11** (1975) 755
[209] *Y. Shinohara, K. Yamaguchi*, Jap. Pat. Nr. 23342 (1965) der Toyo Rayon Co., Ltd. und *H. Mitsui, F. Hosoi, T. Kagiya*, Polymer J. **3** (1972) 108
[210] *M. Hagiwara, T. Tagawa, E. Tsuchida, I. Shinohara, T. Kagiya*, J. Macromol. Sci., Chem. **A7** (1973) 1591
[211] *G. N. Pjankov, A. M. Kabaktschi*, u. a., Plast Massy (Moskau) **1972**, Nr. 12, S. 19
[212] *A. Danno*, in: Radiation Chemistry and its Applications, IAEA Technical Reports Series No. 84, Wien 1968, S. 23
[213] *H. H. Pfenninger*, Techn. Rdsch., Bern **52** (1965) 6
[214] *I. Varsányi*, Müanyag és Gumi **14** (1977) Nr. 2, S. 41
[215] *L. Solnyškova, Z. N. Cyro*, u. a. Plast. Massy (Moskau) **1975** Nr. 12, S. **16**
[216] *R. P. Braginskij, D. S. Porfenova*, u. a. Plast. Massy (Moskau) **1972**, Nr. 1, S. 15
[217] *R. Schaudy, E. Schmitz, H. Hubeny*, Österreich. Kunststoff-Inst., 7. Donauländergespräch, Moskau (Okt. 1974) S. 136
[218] *V. A. Belyi, Ju. M. Pleskačevskij*, u. a. Dokl. akad. nauk SSSR **15** (1971) 903
[219] *G. Kammel, R. Wiedemann*, Meeting Strahlenchemie der Polymeren, München 23.–25. Oktober 1974
[220] *G. Kammel, R. Wiedemann*, Siemens Forsch.- u. Entwickl.-Ber. **5** (1976) 157
[221] *A. B. Moustafa, E. E. Kondil, B. A. Hady, N. A. Ghanem*, Angew. Makromol. Chem. **65** (1978) 121
[222] *J. Bina*, EKT, Elektroiz. Kabl. Techn. **25** (1972) 43
[223] *D. S. Pearson, G. G. A. Böhm*, Rubber Chem. Techn. **45** (1972) 193
[224] *A. S. Kuzminskij, T. S. Fedoseeva, F. A. Machlis*, Zh. Vses. Khim. Obshchest. **18** (1973) 285
[225] *A. P. Bogajevskij, A. S. Kuźminskij*, u. a. Kaučuk i Resina **31** (1972) Nr. 11, S. 4
[226] *V. A. Borisov*, At. Energy (UdSSR) **23** (1967) 141
[227] *S. M. Miller*, u. a. J. Polymer Sci., **A1** (1973) 2537
[228] *A. Veber*, Rev. gen. Caoutchouc Plast. 49 (1972) 299
[229] *M. A. El-Azmirly, W. M. Khalifa, A. A. Yehia, N. A. Ghanem* Eur. Polym. J. **12** (1976) 377
[230] *T. S. Fedoseeva, S. V. Tichonova, Z. A. Kamzdova, A. S. Kuzminskij*, Kaučuk i Rezina **32** (1973) Nr. 6, S. 23; **35** (1976) Nr. 4, S. 11
[231] *C. H. J. Avons, H. Roebuck*, Kautschuk u. Gummi **29** (1976) 532
[232] *R. L. Prybyla*, Rubber Chem. Technol. **47** (1974) 285
[233] *I. Klier, B. Meissner, A. Vokál*, Plasty Kauč. (tschech.) **14** (1977) 5
[234] *N. S. Galinskyja, F. A. Galil-Ogly*, u. a. Kaučuk i Rezina **31** (1972) Nr. 6, S. 9
[235] *A. B. Krjukova, A. S. Kuzminskij*, Vysokomol. soed., Ser. B. **15** (1973) 367
[236] *A. B. Krjukova, A. S. Kuzminskij, F. A. Galil-Ogly, G. A. Sankina*, Rubber Chem. Technol. **47** (1974) 282
[237] *P. Chadeyron, Y. Schmidt*, Rev. Gen. Caout. Plast **50** (1973) 921
[238] *O. F. Morgunova, D. L. Fedokin, N. V. Zacharenko, R. M. Siroko*, Kaučuk i Rezina **36** (1977) Nr. **4**, S. 31
[239] *K.-H. Wegehaupt*, Kautschuk u. Gummi, Kunstst. **26** (1973) 493
[240] *W. Batzill*, Farbe u. Lack **83** (1977) 585
[241] *W. Raudenbusch*, Fette, Seifen, Austrichmittel **78** (1976) 77
[242] *U. Zorll*, Adhäsion **20** (1976) 270
[243] *A. Vroncken*, Farbe u. Lack **83** (1977) 171
[244] *E. Catier*, Trait. Surface **14** (1973) Nr. 126, S. 11
[245] *M. H. Bruno*, Amer. Chem. Soc. Div. Org. Coatings. Plast. Chem. Prepr. **35** (1975) 413
[246] *E. M. Bljachman, N. N. Abarenkova*, Plast. Massy (Moskau) **1976**, Nr. 10, S. 65
[247] *A. Rosenberg, H. Heusinger*, Farbe u. Lack **83** (1977) 105
[248] *S. V. Nablo, J. E. Hipple*, Plast. Eng. **31** (1975) Nr. **4**, S. 67
[249] *H. Dillemann, P. Grosmaire*, Rev. Gen. Caout. Plast. **50** (1973) 907
[250] *A. D. Kitaev, G. I. Karaskov, G. V. Širjgeva*, Lakokrasoch. Mater. i Ikh Primen, **1972**, Nr. **6**, S. **46**
[251] *R. Zimmermann*, Farbe u. Lack **82** (1976) 383
[252] *R. S. Astuchova, E. L. Malatschevskaja, O. Ch. Aveskina, N. G. Stanko*, Lakokrasoch Mater. i Ikh Primen., **1973**, Nr. 5, S. 40
[253] *P. G. Garratt*, J. Oil Colour Chem. Ass. **56** (1973) 266
[254] *D. D. Perry, W. Rawe, D. S. Davis*, Amer. Chem. Soc. Div. Org. Coatings Plast Chem. Pap. **35** (1975) 233
[255] *V. I. Dakin, V. T. Nikolaev, Z. S. Egorova, W. L. Karpov*, Plast. Massy (Moskau) **1975**, Nr. 9, S. 17
[256] *V. I. Dakin, V. T. Nikolaev, Z. S. Egorova, W. L. Karpov, S. A. Tscherbanjuk*, Plast. Massy (Moskau) **1975**, Nr. 11, S. 13
[257] *S. H. Pinner*, Nature **183** (1959) 1108
[258] *A. A. Miller*, Ind. Eng. Chem. **51** (1959) 1271
[259] *A. Charlesby, S. H. Pinner*, Proc. Roy. Soc. Ser A **249** (1959) 367
[260] *A. A. Miller*, J. Phys. Chem. **63** (1959) 1755
[261] *W. A. Salmon, L. D. Loan*, J. appl. Polymer Sci. **16** (1972) 671
[262] *R. Reichherzer*, Kunststoff-Rundschau **20** (1973) 225
[263] *H. Wilski*, Chem.-Ing.-Techn. **47** (1975) 820
[264] *W. Gentzkow, R. Wiedemann*, AED-Conf.-74-465-020
[265] *V. Ja. Šljapintoch*, Plast. Massy (Moskau) **1976**, Nr. 2, S. 47
[266] *G. E. Zajkov*, Uspechi Khim **44** (1975) 1805
[267] *S. S. Leshtschenko, Zh. D. Pavlova, Z. S. Egorova, W. L. Karpov*, J. Polymer Sci., Polym. Symp. Nr. 42 (1973) 1261
[268] *T. Tagawa, E. Tsuchida, I. Shinohara, M. Hagiwara, T. Kagiya*, J. Polym. Sci.; Polymer Lett. Ed. **13** (1975) 287
[269] *R. C. Potter, C. Schneider, M. Ryska, D. O. Hummel*, Angew. Chem. **80** (1968) 921
[270] *J. A. Slivinskas, J. E. Guillet*, J. Polymer Sci.; Polymer Chem. Ed. **12** (1974) 1469
[271] *C. Decker, F. R. Mayo, H. Richardson*, J. Polymer Sci., Polymer Chem. Ed. **11** (1973) 2879
[272] *T. A. Du Plessis*, INIS-Ref-1921 (1975) S. 9
[273] *V. T. Kagiya, M. Hagiwara*, in: Radiation for a clean environment, Proceedings of a Symp. München 1975, S. 601 (s. AED-Conf.-75-061-044)
[274] *V. T. Kagiya, N. Yokoyama, T. Ueno*, Nippon Kagaku Kaishi **9** (1974) 1777
[275] *A. Heger*, DWP 115993 (1975)
[276] *P. Dietrich, F. Falk, A. Ferse, W. Gerhardt, H. Grimm, G. Hänel, R. Hanke*, DWP 115994 (1975)
[277] *P. Dietrich, G. Engler, F. Falk, A. Ferse, H. Grimm, U. Gross, K. Lunkwitz, U. Müller, D. Prescher, J. Schulze*, DWP 116243 (1975)
[278] *A. Ferse, H. Grimm, A. Heger*, DWP 116375 (1975)
[279] *A. Heger, R. Hanke*, DWP 116376 (1975)
[280] Holl. Patent 7416009/A (1974) AdW der DDR
[281] *A. Ferse, K. Lunkwitz*, Faserforschung u. Textiltechnik **29** (1978) 206
[282] *D. Bertram, O. Brede, W. Helmstreit, R. Mehnert*, Z. Chem. **15** (1975) 125
[283] *R. Mehnert, W. Helmstreit, J. Bös, O. Brede*, Radiochem. Radioanal. Letters **30** (1977) 389

# Originalarbeiten
# Eine Xenonkomponente anomaler Isotopenzusammensetzung in neutronenbestrahlten terrestrischen Materialien

*H. Gerstenberger*

(Zentralinstitut für Isotopen- und Strahlenforschung der AdW der DDR)[1]

*Bei der Untersuchung des Xenons in Uranerz des* ***Oklo-Reaktors*** *fand man eine Xenonkomponente anomaler isotopischer Zusammensetzung. Es wird gezeigt, daß in einem n-bestrahlten Zirkonmineral mit 0,5% Uran diese Xenonkomponente, die reich an Xenon-131, -132 und -134 ist, ebenfalls vorliegt. Diese anomale Xenonkomponente, die vorzugsweise im Temperaturbereich von 870 bis 1070 K extrahiert wird, kann nicht das Produkt einer spontanen oder n-induzierten Spaltung eines Transuranelementes sein.*

## (B11) INIS DESCRIPTORS:

evaluated data; fission products; isolated values; isotope ratio; minerals; Oklo phenomenon; spontaneous fission; thermal fission; uranium 235; uranium 238; uranium ores; xenon; xenon 129; xenon 131; xenon 132; xenon 134; zirconium compounds

## 1. Einleitung

Xenon gehört zu jenen Elementen, deren isotopische Zusammensetzung in unterschiedlichen terrestrischen und extraterrestrischen Materialien relativ stark variiert. Infolge zahlreicher kernphysikalischer Prozesse, die neben der Nukleosynthese abgelaufen sind oder noch ablaufen und die teilweise auch qualitativ bisher nicht eindeutig erfaßt werden konnten, ist eine quantitative Aufklärung der einzelnen Beiträge zur resultierenden isotopischen Zusammensetzung in bestimmten Proben bisher nicht vollständig gelungen. Abb. 1 gibt einen Überblick über bisher

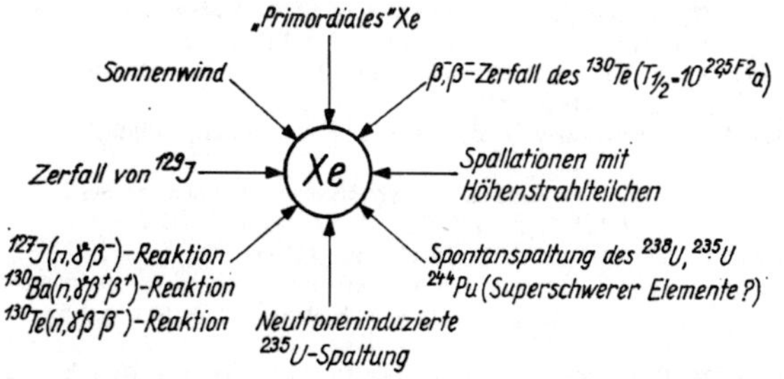


Abb. 1. Quellen des stabilen Xenons

erfaßte Quellen, wobei diese Quellen unterschiedliche Mengen isotopisch verschieden zusammengesetzten Xenons zur gesamten Xe-Menge in einer Probe beisteuern bzw. beigesteuert haben. Diese Xenon liefernden Prozesse haben unterschiedlich auf meteoritisches und lunares Material einerseits und terrestrisches Material andererseits eingewirkt.

Bei der Untersuchung der Xenonisotopenzusammensetzung in Probenmaterial des "Oklo-Reaktors" [1] fanden *Šukoljukov* und *Dang vu Min'* [2] eine isotopisch anomal zusammengesetzte Komponente des Xe. Ebenso weisen *Teitsma, Clarke* und *Allègre* [3] bei der Untersuchung eines n-bestrahlten uranhaltigen Zirkons zu geochronologischen Zwecken auf das Auftreten einer anomalen $^{131}$Xe- und $^{132}$Xe-reichen Komponente hin.

[1]) Anschrift: 705 Leipzig, Permoserstr. 15

## 2. Das primordiale Xenon

Ausgehend von Abb. 1 und den vielfältigen Werten der isotopischen Zusammensetzung in extraterrestrischen Proben erscheint es kaum möglich, daraus die primordiale Zusammensetzung des Xenons zu ermitteln.

So wurde in kohligen Chondriten eine Xenonkomponente gefunden, die sowohl mit schweren wie auch mit leichten Xenonisotopen angereichert war. *Manuel* und *Sabu* [4] haben auf der Basis dieser Messungen Schlußfolgerungen über die Verteilung des Xe auf der Sonne und die in ihr ablaufenden Nukleosyntheseprozesse gezogen. In [4] ist die isotopische Zusammensetzung des terrestrischen, von Spaltprodukten freien Xenons berechnet worden. Ein Vergleich dieser Werte mit denen von *Takaoa* und *Ozima* [5] in Diamanten bestimmten ist in Tab. 1a dargestellt.

Da der Diamant wegen seiner Resistenz gegenüber thermischen und chemischen Einflüssen besonders geeignet erscheint, die ursprünglichen isotopischen Zusammensetzungen der Gase konserviert zu haben, und nur außerordentlich geringe U-Konzentrationen besitzt, sollten diese Werte die primordiale Xe-Isotopenzusammensetzung repräsentieren. Die befriedigende Übereinstimmung der Werte in Tab. 1 stützt diese Hypothese. Die Mittelwerte aus den Messungen ergeben die in Tab. 1b angegebene isotopische Zusammensetzung des „primordialen" terrestrischen Xenons, die den weiteren Betrachtungen zugrunde gelegt wird. Die Isotopenverhältnisse des Xenons aus verschiedenen Quellen sind in der Übersicht (Tab. 2) zusammengefaßt.

## 3. Die isotopisch anomale Xenon-Komponente

In den terrestrischen Materialien ist die isotopische Zusammensetzung des Xe im wesentlichen durch das primordiale Xe (vgl. Tab. 1) sowie in uranhaltigen Proben durch das aus der Spontanspaltung des $^{238}$U resultierende bestimmt.

In Tellurerzen wurde eine starke Erhöhung des Anteils an $^{130}$Xe festgestellt. Hierdurch konnte der doppelte $\beta^-$-Zerfall des $^{130}$Te nachgewiesen und die Halbwertszeit dieses Tellurisotops zu $10^{22,5 \pm 2}$ a bestimmt werden [6]. In neutronenbestrahlten uranhaltigen terrestrischen Materialien

Tab. 1. a) Vergleich der Isotopenverhältnisse des terrestrischen Xe (korrigierte Werte aus Luft-Xenon) und der in Diamanten ermittelten, berechnet aus Angaben nach [4] und [5]
b) Isotopenhäufigkeiten des primordialen (terrestrischen) Xenons

| a) | Isotopenverhältnisse des Xe | terrestrisches Xenon (korrigiert aus Luft-Xenon-Werten nach [4] | Diamant (nach [5]) |
|---|---|---|---|
| | 124/130 | 0,0235 | – |
| | 126/130 | 0,0221 | – |
| | 128/130 | 0,4703 | 0,4819 |
| | 129/130 | – | 6,564 |
| | 131/130 | 5,181 | 5,228 |
| | 132/130 | 6,557 | 6,711 |
| | 134/130 | 2,523 | 2,591 |
| | 136/130 | 2,037 | 2,134 |

| b) | Xenon-Isotop | 124 | 126 | 128 | 129 | 130 | 131 | 132 | 134 | 136 |
|---|---|---|---|---|---|---|---|---|---|---|
| | rel. Häufigkeit (Atom-%) | 0,096 | 0,081 | 1,938 | 26,719 | 4,071 | 21,185 | 27,004 | 10,408 | 8,489 |

Tab. 2. Isotopenverhältnisse einiger Quellen stabilen Xenons

| Xenon-Quelle | Isotopenverhältnis $^{i}Xe/^{136}Xe$ | | | | | | | | Literatur |
|---|---|---|---|---|---|---|---|---|---|
| | 124 | 126 | 128 | 129 | 130 | 131 | 132 | 134 | |
| Bereich der gemess. natürl. Xe-Verhältnisse | 0,0115 ... 0,0105 | 0,0110 ... 0,0098 | 0,217 ... 0,213 | 2,976 ... 2,932 | 0,412 ... 0,456 | 2,384 ... 2,350 | 3,002 ... 3,046 | 1,184 ... 1,166 | [7] |
| „primordiales" terrestrisches Xe | 0,0113 | 0,0095 | 0,228 | 3,147 | 0,480 | 2,496 | 3,181 | 1,226 | [4, 5] |
| n-induzierte $^{235}U$-Spaltung (therm. Reaktor) | – | – | – | – | – | 0,453 | 0,679 | 1,247 | [8] |
| n-induzierte $^{235}U$-Spaltung (therm. Reaktor) | – | – | $5,8 \times 10^{-6}$ | 0,106 | $5,18 \times 10^{-5}$ | 0,452 | 0,672 | 1,225 | [9] |
| Spontanspaltung des $^{238}U$ | – | – | – | 0 | – | 0,0832 | 0,576 | 0,816 | |
| Spontanspaltung des $^{248}Cm$ | – | – | – | – | – | 0,490 | 0,810 | 1,065 | [10] |
| kohlige Chondrite | 0,0142 | 0,0129 | 0,255 | 4,265 | 0,497 | 2,537 | 3,104 | 1,185 | [11] |

wurde neben den aus der induzierten Spaltung resultierenden Xe-Isotopen eine weitere Komponente gefunden, für die *Šukoljukov* u. Mitarb. [2] die in Tab. 3 dargestellte Isotopenzusammensetzung ermittelt haben. Ein verhältnismäßig hoher Anteil dieser Komponente wurde in einer Fraktion dieser Probe mit der Dichte $< 3{,}3$ g/cm³ in einem Extraktionstemperaturintervall von 573 bis 773 K gefunden. *Teitsma* und Mitarb. [3] stellten im neutronenbestrahlten Zirkonmineral M 4082 (Ouzzal Charkonit, Sahara) mit einem Urangehalt von etwa 5000 ppm [12] fest, daß in der bei 923 bis 1073 K extrahierten Xenonprobe eine

Tab. 3. Isotopische Zusammensetzung der anomalen Xenonkomponente in der „Oklo-Probe" SC-1348 nach *Šukoljukov* und *Dang vu Min'* [2]

| Xe-Isotop | 129 | 131 | 132 | 134 | 136 |
|---|---|---|---|---|---|
| rel. Häufigkeit (Atom-%) | 5,1 | 18,4 | 43,5 | 20,5 | 12,4 |

„vierte an $^{131}Xe$ und $^{132}Xe$ reiche Komponente anwesend war."

Es erscheint zweckmäßig zu untersuchen, ob diese beiden bisher in neutronenbestrahltem uranhaltigem terrestrischem Material gefundenen Xe-Komponenten identische isotopische Zusammensetzungen zeigen. Beide untersuchte Proben sollten folgende vier Hauptkomponenten enthalten:

- primordiales Xenon
- Xe der Spontanspaltung des $^{238}U$
- Xe der n-induzierten Spaltung des $^{235}U$
- anomales Xenon.

*Šukoljukov* und *Dang vu Min'* haben bei ihren Untersuchungen vereinfachend nur das Xe der n-induzierten Spaltung und das der anomalen Xe-Komponente betrachtet. Nachfolgend werden die in Tab. 4 enthaltenen Proben auf ihren Gehalt an anomalem Xenon untersucht. Dabei werden die in Tab. 1 genannten relativen Isotopenhäufigkeiten für das primordiale Xenon und die in Tab. 5 dargestellten Spaltausbeuten bzw. isotopischen Zusammensetzungen für die

Tab. 4. Isotopische Zusammensetzung der Proben, die auf ihren Gehalt an anomalem Xenon untersucht werden (Werte nach [2, 3])

| Nr. | Probe | Volumen des $^{136}$Xe cm³ NTP | Häufigkeit der Xe-Isotope ($^{136}$Xe ≡ 1) | | | | | |
|---|---|---|---|---|---|---|---|---|
| | | | 134 | 133 | 132 | 131 | 130 | 129 |
| 1 | Neutronenbestrahltes Zirkonmineral [3] Fraktion 650—800 °C | $1{,}10 \cdot 10^{-11}$ | 1,091 | 0,2853 | 1,312 | 0,776 | 0,0985 | 0,677 |
| 2 | „Oklo-Probe" SC 20-1348 Fraktion 9 [2] | $1{,}9 \cdot 10^{-6}$ cm³/g | 1,327 | — | 1,286 | 0,651 | 0,0012 | 0,168 |
| 3 | „Oklo-Probe" SC 20-1348 Fraktion 6, 300—500 °C [2] | $0{,}008 \cdot 10^{-6}$ cm³/g | 1,59 | — | 3,46 | 1,19 | 0,025 | 0,358 |
| 4 | „Oklo-Probe" SC 20-1348 Fraktion 6, 500—800 °C [2] | $0{,}15 \cdot 10^{-6}$ cm³/g | 1,408 | — | 2,31 | 0,950 | 0,0014 | 0,266 |

Tab. 5. a) (Isobaren-)Kettenausbeuten der Uraniumspaltung $Yi(\%)$ ($\sum Yi = 200\%$)
b) Spaltausbeute der Xenonisotope nach $t = \infty$ und $t = 179{,}7$ h nach Bestrahlungsende
c) Isotopische Zusammensetzung des Xenons aus der Spontanspaltung des $^{238}$U

a)

| Masse | 129 | 130 | 131 | 132 | 133 | 134 | 135 | 136 |
|---|---|---|---|---|---|---|---|---|
| induz. Spaltung des $^{235}$U mit therm. n [16] | 0,99 | 1,98 | 2,85 | 4,26 | 6,72 | 7,76 | 6,40 | 6,54 |
| induz. Spaltung des $^{235}$U mit schnellen n [16] | 0,56 | 1,44 | 3,25 | 4,70 | 6,65 | 7,19 | 6,40 | 6,00 |
| induz. Spaltung des $^{235}$U mit n des Spaltspektr. v. Leichtwasser-Reaktoren [17] | 0,80 | 1,50 | 3,20 | 4,50 | 6,72* | 7,20 | 6,3 | 6,83** |

*) da Angabe in [17] mit 5,90 vermutlich fehlerhaft, wurde der Wert für die induz. $^{235}$U-Spaltung mit therm. n verwendet
**) einschließlich des Anteils aus $^{135}$Xe(n, γ)$^{136}$Xe

b)

| Xe-Isotope | 129 | 130 | 131 | 132 | 133 | 134 | 135 | 136 |
|---|---|---|---|---|---|---|---|---|
| Spaltausbeute nach $t = \infty$ (%) | 0,80 | 0,00 | 3,20 | 4,50 | 0,00 | 7,20 | 0,00 | 6,83 |
| Spaltausbeute 179,7 h nach Bestrahlungsende (%) | 0,00 | 0,00 | 1,68 | 3,61 | 2,93 | 7,20 | 0,00 | 6,83 |

c)

| Xe-Isotop | 129 | 131 | 132 | 134 | 136 |
|---|---|---|---|---|---|
| rel. Häufigkeit (Atom-%) | 0,08 | 3,30 | 23,26 | 33,15 | 40,16 |

Spontanspaltung des $^{238}$U und die neutroneninduzierte Spaltung des $^{235}$U benutzt. Der Anteil an Xe aus der neutroneninduzierten Spaltung in der Zirkonmineralprobe (Probe Nr. 1) wird bezogen auf das $^{133}$Xe berechnet. Dabei ist der angegebene Wert 179,7 h nach Bestrahlungsende ermittelt worden. Wegen der außerordentlich geringen Spaltausbeute des $^{130}$Xe wird der Gehalt an diesem Isotop in allen Proben als aus dem primordialen Xenon stammend betrachtet und auf dessen Basis der primordiale Anteil auch der anderen Isotope berechnet. In Probe 1 wird der Anteil des Xe der $^{238}$U-Spontanspaltung anhand des $^{136}$Xe-Anteils errechnet, wobei — gestützt auf die Aussage in [3] — vorausgesetzt wird, daß $^{136}$Xe in der anomalen Komponente nicht enthalten ist. In den Proben 2 bis 4 ist eine Trennung der aus der Spontanspaltung des $^{238}$U und aus der induzierten Spaltung des $^{235}$U stammenden Anteile nicht möglich. Hier wird das gesamte $^{136}$Xe als aus der Spaltung des Urans resultierend angenommen und die Spaltausbeute der induzierten $^{235}$U den Berechnungen zugrunde gelegt.

Die aus den einzelnen Proben ermittelten isotopischen Zusammensetzungen sind in Tab. 6 zusammengefaßt.

Tab. 6. Berechnete relative Häufigkeiten der anomalen Xe-Komponente (Atom-%)

| Probe Nr. | Xe-Isotop | | | |
|---|---|---|---|---|
| | 129 | 131 | 132 | 134 |
| 1 | 8,6 | 24,0 | 60,1 | 7,2 |
| 2 | 3,9 | 16,0 | 55,6 | 24,5 |
| 3 | 2,1 | 15,8 | 68,5 | 13,5 |
| 4 | 5,4 | 18,2 | 62,9 | 13,5 |

## 4. Diskussion der Ergebnisse

Durch die unterschiedlichen Voraussetzungen für die Berechnungen der isotopischen Zusammensetzung der anomalen Xenonkomponente bei *Šukoljukov* u. Mitarb. [2] sowie in der vorliegenden Arbeit (in [2] wird für das Verhältnis $^{132}$Xe/$^{136}$Xe des anomalen Xe ein Wert von $\approx 3{,}5$ angenommen) ergeben sich unterschiedliche, jedoch nicht stark voneinander abweichende Werte (vgl. Tab. 3 und 6). Es wird deutlich, daß in den beiden völlig unterschiedlichen Proben (Probe 1, Proben 2 bis 4) die anomale Xenonkomponente existiert und daß im Rahmen der zu erwartenden Richtigkeit einer solchen Abschätzung deren isotopische Zusammensetzungen zumindest tendenziell übereinstimmen. Diese Einschätzung erscheint um so gerechtfertigter, als selbst unter gleichartigen Proben (Proben 2 bis 4) Streuungen in der gleichen Größe (mit Ausnahme des $^{134}$Xe) auftreten, wie sie zwischen zwei völlig unterschiedlichen Proben zu finden sind (Probe 1 bzw. Proben 2 bis 4).

*Šukoljukov* und Mitarb. [2] haben die Vermutung geäußert, daß diese anomale Xenonkomponente der Spontanspaltung eines schweren Elementes entstammen könnte. Eine ähnliche Hypothese ist auch schon für die Genese der Spaltxenonkomponente in kohligen Chondriten aufgestellt und es ist untersucht worden, ob sie der Spontanspaltung des $^{248}$Cm entstammen könnte [10]. Nachdem diese Hypothese (zumindest für das $^{248}$Cm) in extraterrestrischem Material verworfen wurde, ist sie für die Entstehung des anomalen Xenons in terrestrischem Material anhand der Ergebnisse aus Probe 1 nicht wahrscheinlich, da ein Transuranelement zwar im „Oklo-Reaktor" entstehen und anschließend durch α- und Spontanspaltung zerfallen konnte [13], bei einer Reaktorbestrahlung mit $10{,}2 \cdot 10^{16}$ Neutronen/cm$^2$ und einem Nachweis 179 h nach Bestrahlungsende jedoch auszuschließen ist. Aus den Untersuchungen von *Drozd* et al. [14] an Uranerz der Rabbit-Lake-Uraniummine, das keinerlei Anzeichen für eine natürliche Kettenspaltreaktion zeigte und dessen Xe die isotopische Zusammensetzung der $^{238}$U-Spontanspaltung repräsentiert, läßt sich schlußfolgern, daß die Bildung der anomalen Xe-Komponente nicht mit der Spontanspaltung in Verbindung zu bringen ist. In [14] ist ebenfalls eine Probe des ‚Oklo-Reaktors' (4185-231) untersucht worden. Eine Betrachtung ihrer isotopischen Zusammensetzung zeigt keine Anzeichen der anomalen Xenonkomponente. Dies könnte darauf zurückzuführen sein, daß — da keine Temperaturfraktionierung bei der Xe-Extraktion vorgenommen wurde — das anomale Xe durch die vergleichsweise große Menge des Spaltxenons maskiert wird. Auf diese Möglichkeit haben *Šukoljukov* u. Mitarb. [2] bei ihren Untersuchungen schon hingewiesen.

*Kuroda* [15] hält die Fragestellungen um die anomalen Xenonkomponenten in terrestrischen und extraterrestrischen Materialien für gelöst, wenn in die analytischen Betrachtungen der isotopischen Zusammensetzungen des Xenons aus verschiedenen Quellen die verschiedenen Spaltreaktionen, die physikalisch-chemischen Isotopenfraktionierungen, die Reaktionen mit kosmischer Strahlung und die n-Einfangreaktionen sowie der Zerfall des $^{129}$J zu $^{129}$Xe komplex einbezogen werden. Die derzeit vorliegenden Meßdaten sowie deren Richtigkeiten und Reproduzierbarkeiten reichen hierzu jedoch noch nicht aus.

Eingegangen am 15. 8. 1979

## Literatur


[1] The Oklo Phenomenon, Proceedings of a Symposium Libreville, June 1975, IAEA, Vienna 1975

[2] *Ju. A. Šukoljukov, Dang vu Minh'*, Geokhimija **12** (1977) 1763

[3] *A. Teitsma, W. B. Clarke, C. J. Allègre*, Science **189** (1975) 878

[4] *O. K. Manuel, D. D. Sabu*, Transact. of the Missouri Akad. of Sci. 9 (1975) 104

[5] *N. Takaoa, H. Ozima*, Nature **271** (1978) 45

[6] *T. Kirsten*, Fortschr. Phys. **18** (1970) 449

[7] JUPAC-Commission on Atomic Weights; Pure and Appl. Chem. **47** (1976) 75

[8] *V. Kouřím, O. Vojtech*, At. Energy Rev. **12** (1974) 215

[9] *C. Frejacques, C. Blain, C. Devillers, R. Hagemann, J.-C. Ruffenach*, Conclusions tirées de l'étude de la migration des produits de fission. Proc. of the Symp. "The Oklo Phenomenon", IAEA, Vienna 1975, Paper IAEA-SM 204/24

[10] *D. A. Leich, S. Niemeyer, M. C. Michel*, Earth Plan. Sci. Lett. **34** (1977) 197

[11] *A. K. Lavruchina*, Jadernije reakcii v kosmiceskich telach, Izd. Nauka, Moskva 1972, S. 47

[12] *A. Teitsma*, persönliche Mitteilung

[13] *J. C. Dran, M. Maurette, J. C. Petit, R. Drozol, C. Hohenberg, J. P. Duraud, C. Le Gressus, D. Massignon*, A multidisciplinary analysis of the Oklo Uran Ores, Proc. of the Symposium "The Oklo Phenomenon" Libreville 1975, IAEA Vienna 1975, Paper IAEA-SM-204/12

[14] *R. J. Drozd, C. M. Hohenberg, C. J. Morgan*, Earth Plan. Sci. Lett. **23** (1974) 28

[15] *P. K. Kuroda*, Fossil Nuclear Reactor and Pu-244 in the early History of the Solar System, Proc. of the Symposium "The Oklo-Phenomenon", Libreville 1975, IAEA Vienna 1975, Paper IAEA-SM-204/4

[16] *E. A. C. Crouch*, Chain and independent fission product yields, AERE-R 8152, part 2

[17] Autorenkollektiv; Radiacionnye kharakteristiki produktov delenija, Atomizdat, Moskva 1974

# Schnellmethoden zur Prüfung auf Verunreinigungen im Eluat von $^{99}$Mo/$^{99m}$Tc-Generatoren

*P. Kleinert, E. Klose, E. Schumann*

(Radiologische Klinik und Poliklinik der Medizinischen Akademie Erfurt)[1])

*Durch Aufnahme des Gamma-Spektrums in einem NaJ-Bohrlochkristall erfolgt die Überprüfung des Eluates auf $^{99}$Mo, $^{103}$Ru und $^{131}$J. Dabei wird das überschüssige $^{99m}$Tc durch einen Hohlzylinder aus Woodscher Legierung von 4 mm Wandstärke auf $10^{-2}$ % abgeschirmt. Durch Sterilfiltration kann das an $Al_2O_3$ gebundene Molybdän vom löslichen Molybdat getrennt werden, wodurch eine Differenzierung beider Kontaminationsformen des $^{99}$Mo möglich ist. Für eine semiquantitative Bestimmung des im Eluat vorhandenen Aluminiums wird eine Tüpfelmethode nach Feigl empfohlen.*

**(B11; D13) INIS DESCRIPTORS:**

aluminium compounds; aluminium oxides; gamma spectra; impurities; iodine 131; molybdates; molybdenum 99; quality control; quantitative chemical analysis; radioisotope generators; ruthenium 103; technetium 99

## 1. Einleitung

Bei der Präparation von Radiopharmaka aus dem Eluat von $^{99}$Mo/$^{99m}$Tc-Generatoren kann es beim Auftreten von Verunreinigungen neben der zusätzlichen Strahlenbelastung zur Bildung störender Nebenprodukte kommen. Zur Sicherung der notwendigen Qualitätsparameter bei der Herstellung von Radiopharmaka ist daher die genaue Kenntnis von Strahlungsreinheit und chemischer Reinheit des Eluates erforderlich. Da sich die im Zertifikat angegebenen Werte nur auf das erste Eluat beziehen und der Anteil an Verunreinigungen von Eluat zu Eluat stark schwanken kann [4, 5], ist eine zusätzliche Qualitätskontrolle beim Anwender erforderlich. Zur Zeit beschränkt sich diese Untersuchung im allgemeinen auf eine Überprüfung des „Molybdändurchbruches" mit Hilfe eines Bleieinsatzes zum Isotopencalibrator. Der dabei ermittelte Wert entspricht aber nur einer Grobmessung, da in der Ionisationskammer die Summe aller Radionuklide gemessen wird [10]. Im Eluat von $^{99m}$Tc-Generatoren, die mit Spaltmolybdän beladen sind, können neben dem Mutternuklid $^{99}$Mo größere Mengen an $^{131}$J und $^{103}$Ru auftreten [4, 5], so daß für eine genauere Kenntnis der Strahlungsreinheit die Aufnahme des Gamma-Spektrums erforderlich ist [11].

Als chemische Verunreinigungen können von der Trägersubstanz $Al_2O_3$ unlösliches Aluminiumoxid und lösliche Aluminiumverbindungen in das Eluat gelangen. Das Vorhandensein löslicher Aluminiumverbindungen führt bei bestimmten Markierungen schon bei Konzentrationen über 1 ppm zu störenden Nebenerscheinungen [3]. Unerwünschte Nebenwirkungen wurden bei der Markierung der Erythrozyten mit $^{99m}$Tc [7, 12, 13], bei der Herstellung von $^{99m}$Tc-S-Kolloid [3], beim Einsatz von $^{99m}$Tc-Diphosphonat [1] und bei der Schilddrüsenszintigraphie mit Pertechnetat [9] beobachtet.

Die folgende Arbeit beschreibt Schnellmethoden zur Prüfung auf Strahlungsreinheit und chemische Reinheit des Eluates, die unter den Routinebedingungen einer nuklearmedizinischen Einrichtung durchführbar sind.

[1]) Anschrift: 506 Erfurt, Nordhäuser Str. 74

## 2. Material und Methoden

### 2.1. *Aufnahme des Gamma-Spektrums im Einkanalspektrometer*

Bei der Aufnahme des Gamma-Spektrums muß der Überschuß an $^{99m}$Tc-Quanten durch eine geeignete Abschirmung reduziert werden. Für die Messung im Bohrlochkristall eignet sich zur Abschirmung ein einseitig geschlossener Hohlzylinder von 4 mm Wandstärke, dessen äußerer Durchmesser der Bohrung des Kristalls angepaßt ist. Die Aktivitätsprobe befindet sich in einem einseitig abgedichteten PVC-Schlauchstück, das in die Bohrung des Abschirmzylinders gebracht wird [6]. Bei Verwendung von *Wood*scher Legierung kann der Abschirmkörper mit einfachen Mitteln in einem Wasserbad gegossen werden [8].

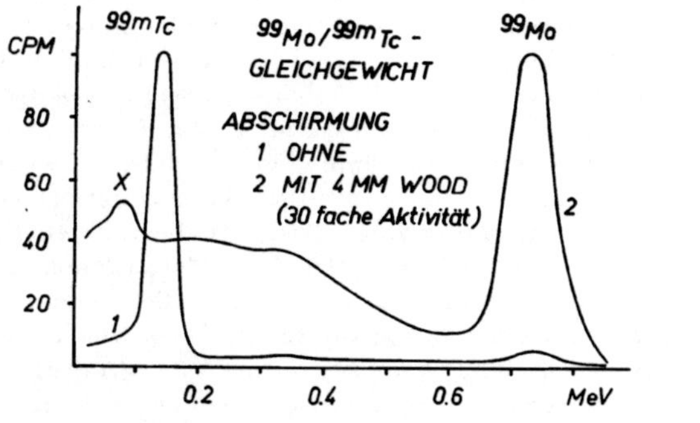


**Abb. 1.** Gamma-Spektrum eines $^{99}$Mo/$^{99m}$ Tc-Gemisches in Abhängigkeit von der Abschirmung

Abb. 1 zeigt die Schwächung eines solchen Abschirmkörpers für Nuklide unterschiedlicher Energie am Beispiel des Gamma-Spektrums eines $^{99}$Mo/$^{99m}$Tc-Gemisches. Ohne Abschirmung findet man im $^{99}$Mo-Kanal im Vergleich zum $^{99m}$Tc-Kanal nur eine geringe Impulsrate. Bei Einsatz der Abschirmung und einer Erhöhung der Aktivität der Probe auf das 30fache kommt es im $^{99m}$Tc-Kanal zu einer Erniedrigung der Impulsrate, da die Durchlässigkeit des Abschirmkörpers für die Energie des $^{99m}$Tc nur $10^{-2}$% beträgt. Dagegen steigt die Impulsrate für $^{99}$Mo auf das 18fache, da

60% der $^{99}Mo$-Quanten das Filter ungeschwächt durchdringen. Die Anwendung der Abschirmung ermöglicht die Messung einer $10^4$fach höheren $^{99m}Tc$-Aktivität im Bohrlochkristall bei gleicher maximaler Impulsrate.

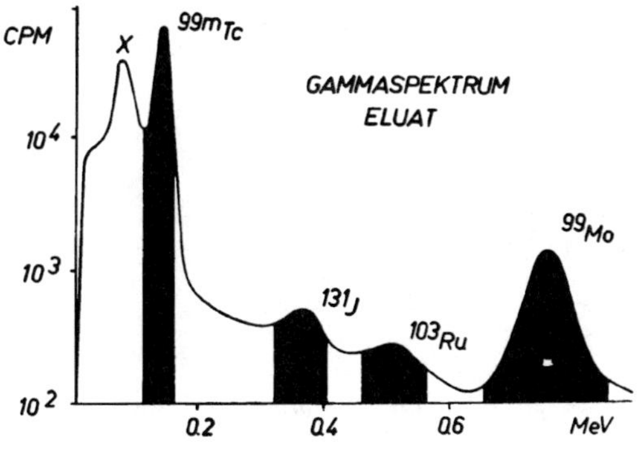


Abb. 2. Gamma-Spektrum eines Eluates nach Abschirmung

Die Aufnahme des Gamma-Spektrums eines Eluates (Abb. 2) zeigt neben dem Röntgenpeak der *Wood*schen Legierung bei 0,08 MeV und dem $^{99m}Tc$-Peak bei 0,14 MeV Verunreinigungen an $^{131}J$, $^{103}Ru$ und $^{99}Mo$. Bei der quantitativen Bestimmung muß der *Compton*anteil des $^{99}Mo$ in den Kanälen von $^{103}Ru$ und $^{131}J$ berücksichtigt werden. Außerdem kommt es durch einen pile-up-Effekt der $^{99m}Tc$-Strahlung zu einer zusätzlichen Impulsrate im Kanal des $^{131}J$. Dieser Anteil betrug unter unseren Meßbedingungen 0,15% der im $^{99m}Tc$-Kanal gemessenen Impulsrate.

Zur Kalibrierung wurden die Effektivität des Bohrlochkristalls und die Transparenz des Abschirmkörpers in Abhängigkeit von der Gammaenergie verschiedener Nuklide bestimmt (Abb. 3). Die Kurve für die absolute Photopeakeffektivität zeigt unter den vorliegenden Meßbedingungen ab 0,35 MeV einen konstanten Verlauf von 15%. Die abnehmende Effektivität des Kristalls mit steigender Gammaenergie wird dabei durch die zunehmende Transparenz des Abschirmkörpers vollständig kompensiert.

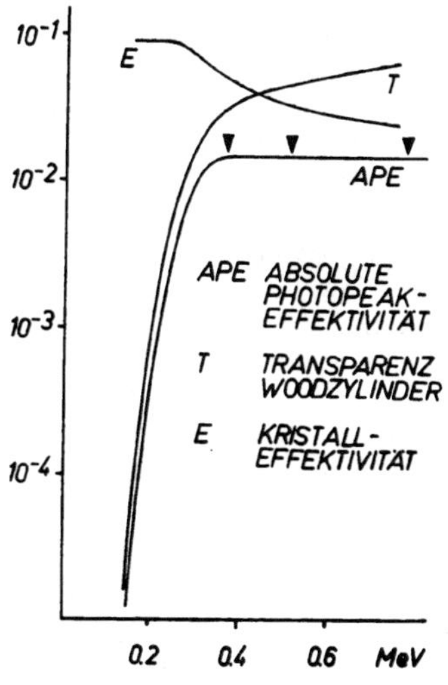


Abb. 3. Abhängigkeit der Effektivität des Kristalls, der Transparenz der Abschirmung und der absoluten Photopeakeffektivität von der Gammaenergie

### 2.2. *Aluminiumbestimmung*

Für einen semiquantitativen Aluminiumnachweis in dem interessierenden Konzentrationsbereich von 1—20 ppm Al eignet sich eine Tüpfelmethode nach *Feigl* [2]. Filtrierpapier wird mit einer 0,05%igen Chinalizarinlösung getränkt und nach dem Trocknen mit je einem Tropfen von Eichlösungen im Bereich von 1—20 ppm Al versetzt. Nach Aufbringen eines Tropfens des zu untersuchenden Eluates wird das Filter einige Sekunden über eine Schale mit Ammoniaklösung und dann mit Essigsäure gebracht. Aluminium zeigt sich durch Bildung eines roten Farblackes an. Durch Vergleich mit Standardlösungen bestimmt man die Konzentration.

## 3. Ergebnisse und Diskussion

— Nach diesen Methoden wurden 10 sterile 100 mCi-Generatoren und 10 insterile 200-mCi-Generatoren des ZfK Rossendorf vom Produktionszeitraum Januar bis März 1979 einmal täglich untersucht. Der Anteil an $^{99}Mo$ lag dabei im Bereich von $2 \cdot 10^{-4}$ bis $2 \cdot 10^{-2}$% und betrug für $^{103}Ru$ und $^{131}J$ $2 \cdot 10^{-5}$ bis $1 \cdot 10^{-3}$%.

— Die gefundenen Schwankungen waren abhängig von dem Generatortyp, der Liefercharge, der Anzahl durchgeführter Elutionen und von den einzelnen Fraktionen des Eluates.

— Durch eine Sterilfiltration kann eine Differenzierung des $^{99}Mo$ zwischen löslichem Molybdat und an $Al_2O_3$ gebundenem $^{99}Mo$ erfolgen. Während das an die Trägersubstanz gebundene Molybdat bei der Sterilfiltration vollständig abgetrennt wird, passiert das lösliche Molybdat das Membranfilter vollständig.

— Der Nachweis der löslichen Aluminiumverbindungen zeigt starke Unterschiede zwischen zwei Generatortypen unterschiedlicher Aktivität, die mit unterschiedlichen Sorten Aluminiumoxid beschickt wurden. Während beim sterilen 100-mCi-Generator in keinem der untersuchten Eluate mehr als 1 ppm Al gefunden wurde, lag bei den meisten 200-mCi-Generatoren der Al-Gehalt im ersten Eluat oberhalb der zulässigen Grenze von 5 ppm. Dabei trat die höchste Konzentration immer im ersten Eluat auf und ging mit zunehmender Anzahl der Elutionen kontinuierlich zurück.

— Die Überprüfung des Eluates auf $^{99}Mo$, $^{131}J$, $^{103}Ru$ und Aluminium erfordert einen zeitlichen Aufwand von ca. 10 Minuten, wobei für die gesamte Untersuchung 1 bis 2 ml Eluat ausreichen. Die untere Nachweisgrenze beträgt für $^{99}Mo$ $8 \cdot 10^{-5}$%, für $^{103}Ru$ und $^{131}J$ $1{,}5 \cdot 10^{-5}$% und für Aluminium 1 ppm.

Eingegangen am 8. 8. 1979

## Literatur


[1] *T. K. Chaudhuri*, Radiology **119** (1976) 485

[2] *F. Feigl*, In: Spot Test, Vol. I, Inorganic Applications, 4th edition, Amsterdam: Elsevier 1954, S. 181

[3] *T. A. Haney, I. Asconi, I. A. Gigliotti, E. A. Gusmano, G. A. Bruno*, J. nucl. Med. **12** (1971) 64

[4] *N. Jackisch, B. U. Edelmann, W. König*, In: Schriftenreihe: Wissenschaftliche Tagungen in der DDR, Vortragssammlung XII. Nuklearmedizinisches Symposium Reinhardsbrunn 1975, S. 209

[5] *N. Jackisch*, In: Schriftenreihe: Wissenschaftliche Tagungen in der DDR, Vortragssammlung XIII. Nuklearmedizinisches Symposium Reinhardsbrunn 1976, S. 97

[6] *P. Kleinert, E. Klose*, Schnellmethoden zur Prüfung auf Verunreinigungen im Eluat von $^{99}Mo/^{99m}Tc$-Generatoren. Vortrag auf XVI. Nuklearmedizinischen Symposium Reinhardsbrunn 1979 (nicht veröffentlicht)

[7] *M. S. Lin, R. D. MacGregor, Y. Yano*, J. nucl. Med. **12** (1971) 297

[8] *E. Schumann, P. Keiner, E. Klose*, Radiobiol. Radiother. **1** (1978) 76

[9] *S. K. Shukla, G. B. Manni, C. Cipriani*, Eur. J. nucl. Med. **2** (1977) 137

[10] *K. Thieme, A. Eckardt*, Isotopenpraxis **14** (1978) 375

[11] *P. Veselý, J. Cifka*, Some chemical and analytical problems connected with technetium-99*m*-generators. In: Radiopharmaceuticals from generator produced radionuclides. IAEA Vienna 1971. STI/PUB/294, S. 74

[12] *M. B. Weinstein, O. I. Joensuu, P. Duffy*, J. nucl. Med. **12** (1971) 183

[13] *M. B. Weinstein, W. M. Smoak III*, J. nucl. Med. **11** (1970) 41

# Universelle Injektionsvorrichtung für industrielle Traceruntersuchungen mit flüssigen oder gasförmigen Tracern

*M. Richter*[1]), *K. Heinrich*[2])

(Akademie der Wissenschaften der DDR: [1]) Zentralinstitut für Isotopen- und Strahlenforschung; [2]) Institut für organische Grundstoffe)

*Bei der Durchführung von Verweilzeituntersuchungen oder anderen Tracerexperimenten an industriellen Anlagen treten oft Probleme bei der Injektion des Tracers auf. Es wurde deshalb eine Injektionsvorrichtung entwickelt, welche besonders für den Einsatz an Industrieanlagen geeignet ist. Diese Vorrichtung erlaubt eine Injektion in Form von Einzelimpulsen oder Impulsfolgen. Es können gasförmige oder flüssige Tracer eingesetzt werden. Die Messungen können automatisch wiederholt werden. Antrieb und Steuerung erfolgen pneumatisch, so daß mit der Vorrichtung auch an explosionsgefährdeten Anlagen gearbeitet werden kann. Der Anlagendruck kann bis zu 15 bar betragen. Die Injektionspumpe ist zerlegbar und deshalb leicht zu dekontaminieren.*

## (D24) INIS DESCRIPTORS:

air; chemical industry; control systems; engineering; indium 113; krypton 85; medium pressure; performance; pneumatics; pumps; specifications; tracer techniques; water

Für die mathematische Modellierung, Auslegung und Optimierung chemischer Anlagen haben Verweilzeituntersuchungen und andere Tracermethoden eine große Bedeutung. Infolge der einfachen meßtechnischen Erfassung durch Apparatewände hindurch, eignen sich dafür insbesondere radioaktive Tracer, wobei meistens Nuklide mit Halbwertszeiten von einigen Stunden bis zu einigen Tagen eingesetzt werden [1, 2]. Für die Messungen muß an geeigneten Stellen der Anlage der Tracer injiziert werden, wobei die gesamte Untersuchung möglichst ohne Unterbrechung des normalen Produktionsbetriebes erfolgen sollte. Häufig wird eine Injektionsvorrichtung benötigt, welche eine impulsförmige oder eine periodische Injektion von flüssigen oder gasförmigen Tracern gestattet, wobei in der überwiegenden Zahl der Anwendungsfälle der Anlagendruck 15 bar nicht überschreitet. Wegen der oft vorhandenen Explosionsgefahr kommen Vorrichtungen mit elektrischem Antrieb oder elektrischer Regelung nicht in Frage. Die bisher in der Literatur beschriebenen Injektionsvorrichtungen sind nur für ganz spezielle Einsatzgebiete ausgelegt [3] und entsprechen kaum den Bedingungen für den Einsatz in großtechnischen Anlagen. Es war deshalb erforderlich, die Probleme der Tracerzugabe für jedes zu untersuchende Objekt neu zu lösen und entsprechende Vorrichtungen zu bauen und zu erproben.

Auf Grund von langjährigen Erfahrungen bei der Anwendung von Radiotracermethoden in der Industrie wurde deshalb eine universelle Injektionsvorrichtung entwickelt, welche für eine Vielzahl von Anwendungsfällen einsetzbar ist und die Durchführung von Tracerexperimenten an technischen Anlagen sehr erleichtern kann. Die Vorrichtung wird pneumatisch angetrieben und gesteuert. Sie besteht aus der Injektionspumpeneinheit und einem Steuerteil.

## Aufbau der Injektionspumpeneinheit

Abb. 1 zeigt den Aufbau der Injektionspumpeneinheit. Die Tracerinjektion erfolgt durch einen beweglichen Kolben, welcher den Tracer aus dem Vorratsbehälter in das Dosiervolumen ansaugt und danach in die Anlage drückt. Durch das in die Vorrichtung integrierte pneumatische Steuerventil wird mit Hilfe der Steuereinheit gewährleistet, daß das Arbeitsvolumen beim Ansaugen mit dem Tracervorrat und beim Drücken mit der Anlage verbunden ist. Mit einer Feineinstellschraube läßt sich der Kolbenhub begrenzen. Mit Hilfe der Skala ist eine Einstellgenauigkeit auf $\pm 0{,}1$ mm möglich. Das Tracervolumen ist dadurch mit einer Genauigkeit von $\pm 0{,}2\%$ eingestellt, wobei das minimale Volumen 5 $cm^3$ und das maximale 50 $cm^3$ beträgt. Für Flüssigkeitsinjektion muß die maximale Tracermenge jedoch auf 15 $cm^3$/Hub beschränkt werden, da sonst infolge des Strömungswiderstandes im Steuerventil die Dosiervorrichtung nicht mit der vorgesehenen Mindeststeuerfrequenz von 0,5 Hz betrieben werden kann.

Der eigentliche Dosierkolben ist mit einem größeren Druckluftkolben verbunden, der beiderseitig mit dem Hilfsluftdruck beaufschlagt werden kann. Dadurch lassen sich die beiden Takte „Ansaugen“ und „Injizieren“ realisieren, wobei gleichzeitig entsprechend dem Flächenverhältnis von Druckluftkolben und Dosierkolben eine Druckverstärkung stattfindet. Das Verhältnis von Luftdruck ($P_1$) zu Injektionsdruck ($P_2$) beträgt $P_1 : P_2 = 1:4{,}3$. Im Steuer-

[1,2]) Anschrift: 705 Leipzig, Permoserstr. 15

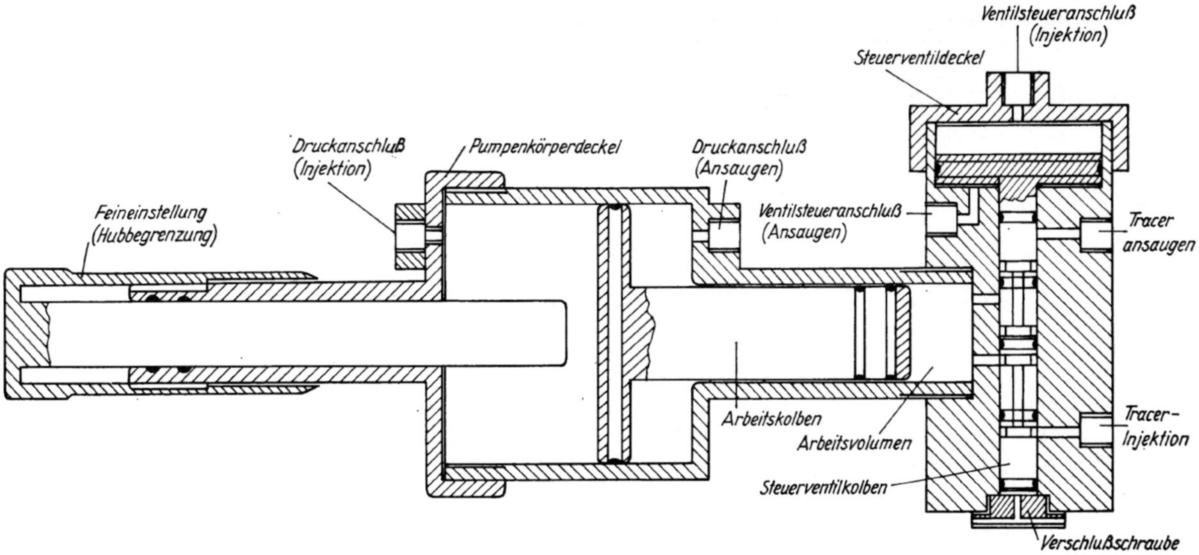


Abb. 1. Injektionspumpeneinheit

ventilgehäuse erfolgt die Umsteuerung zwischen Ansaug- und Injektionsöffnung durch einen Steuerkolben, der ebenfalls beiderseitig mit Druckluft beaufschlagt werden kann. Der Steuerkolben verbindet in seinen Endstellungen jeweils einen der beiden Anschlüsse mit dem Arbeitsvolumen. Die Abdichtung von Arbeitskolben und Steuerkolben gegen die Zylinderwände erfolgt durch O-Ringe.

Obwohl theoretisch ein Hilfsdruck von 3,5 bar ausreicht, um einen Injektionsdruck von 15 bar zu erzeugen, muß der Hilfsdruck höher liegen, da die Reibungswiderstände der O-Ringe zu überwinden sind und der Arbeitskolben auch bei hohem Anlagendruck mit großer Geschwindigkeit bewegt werden muß.

Je nach Anlagendruck werden deshalb Arbeitsdrücke im Bereich von 4 bis 10 bar angewandt.

Die gesamte Vorrichtung wurde aus Messing angefertigt, da i. allg. keine chemisch aggressiven Tracersubstanzen eingesetzt werden müssen. Es bestehen aber keinerlei prinzipielle Schwierigkeiten, die Apparatur aus Edelstahl anzufertigen bzw. bestimmte Teile mit einem entsprechenden Oberflächenschutz zu versehen. Die gesamte Injektionsvorrichtung ist so konstruiert, daß sie leicht demontiert werden kann (Gewindeverbindungen). Sie läßt sich deshalb gut reinigen und dekontaminieren.

## Aufbau der Steuereinheit

Die gesamte Steuerung wurde in einem transportablen Einschub (550 mm × 550 mm × 310 mm) untergebracht. Eingangsseitig wird an diesem Gerät die Druckluftversorgung angeschlossen (Druckluftflasche mit Reduzierventil; Druckluftnetz mit 4 bar $\leqq p \leqq$ 10 bar). Der maximale Luftverbrauch (bei maximaler Fördermenge) beträgt 1,1 Nm$^3$/h. Ausgangsseitig wird die Luftzuführung für die Injektionsvorrichtung angeschlossen. Dabei werden für den Injektionskolben und den Steuerkolben jeweils zwei Anschlüsse benötigt. Die Verbindung erfolgt über Ermetoanschlüsse und Druckschläuche. Als Basis für die Steuereinheit wurde die vom VEB Reglerwerk Dresden hergestellte pneumatische Dosierpumpensteuerung benutzt. Daneben sind im Einschub noch die Hilfsluftversorgung und die Umschaltventile für die Arbeitsdruckerzeugung untergebracht. Abb. 2 zeigt die Frontplatte des Steuerteils, auf der alle notwendigen Bedienungselemente untergebracht sind. Dazu gehören zwei Impulszähler mit Vorwahl (PLZV) und zwei verriegelbare Handschalter (VTV) für die Dosierpumpensteuerung sowie die Anschlüsse für die Luftzuführung (PH) und die Ausgänge für den Arbeitskolben ($P_{1,1}$, $P_{1,2}$) und den Steuerkolben ($V_{1,1}$, $V_{1,2}$). Für die 3 Hilfsluftregler (HLR) sind 3 Druckanzeigen (DAZ) vorhanden, welche den eingestellten Druck anzeigen. Mit Hilfe eines Absperrventils läßt sich die Luftzuführung für das gesamte Gerät abstellen.

Der Hilfsregler HLR 1 dient der Luftversorgung der Dosierpumpensteuerung. Der benötigte Druck von 1,4 bar

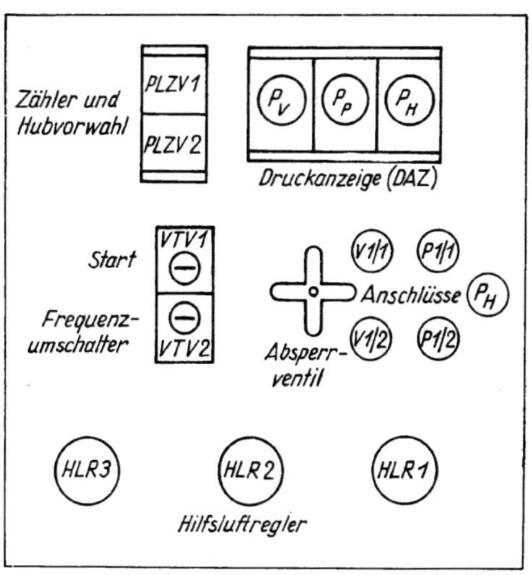


*Anschlüsse:* V Steuerkolben
P Arbeitskolben
$P_H$ Luftversorgung
*Anzeige:* $P_V$ Steuerkolbendruck (Einstellung mit HLR3)
$P_P$ Arbeitskolbendruck ( " " HLR2)
$P_H$ Druck für DRELOBA-Steuerung( " " HLR1)

Abb. 2. Fronttafelaufbau des Steuergerätes

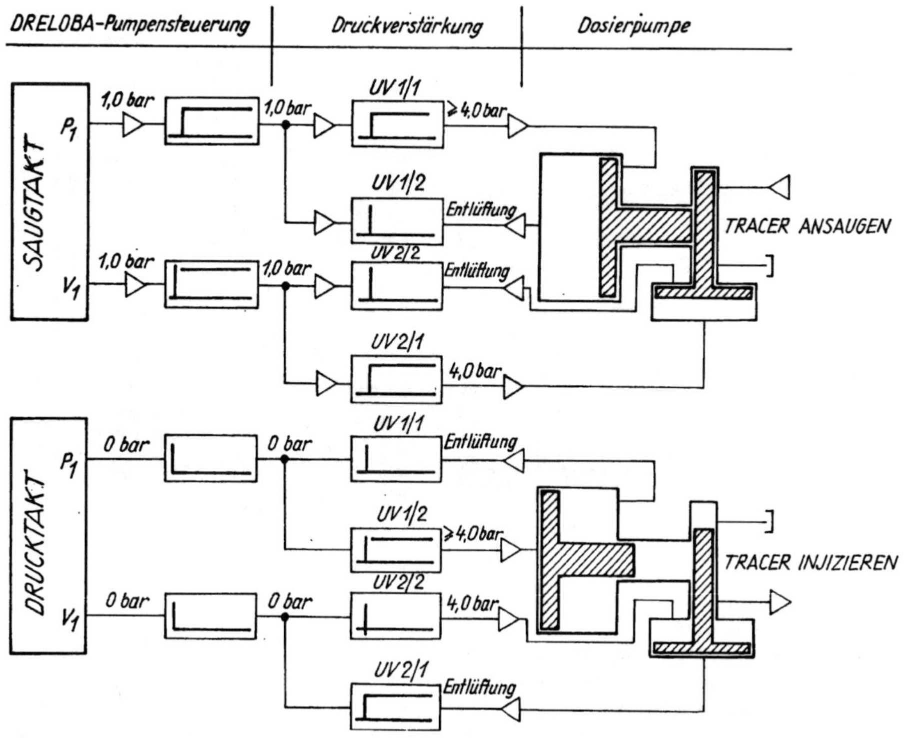


Abb. 3. Signalablauf bei den Takten „Ansaugen" und „Injektion"

wird mit Hilfe des Manometers DAZ 1 eingestellt. Der Arbeitsdruck für den Injektionskolben wird mit Hilfe von HLR 2 bzw. DAZ 2 eingestellt. Dieser Druck soll mindestens 4 bar betragen. HLR 3 dient der Druckeinstellung für den Steuerkolben. Er wird i. allg. auf 4 bar eingestellt.

Abb. 3 zeigt die Signalabläufe bei den beiden Arbeitstakten. Mit UV werden die Druckverstärkerventile bezeichnet, welche ihrerseits von der Dosierpumpensteuerung angesteuert werden. Die Druckverstärkung ist notwendig, da die Dosierpumpensteuerung selbst nicht genügend hohe Impulse abgibt.

Eine detaillierte Beschreibung der Dosierpumpensteuerung ist den Unterlagen vom VEB Reglerwerk Dresden zu entnehmen. Die Steuerung ist so aufgebaut, daß die Drucksignale für den Arbeitskolben jeweils um 0,25 s verzögert gegenüber den Drucksignalen für den Steuerkolben abgegeben werden. Dadurch wird gewährleistet, daß sich der Steuerkolben bereits in seiner Endlage befindet, bevor der Arbeitskolben bewegt wird. Des weiteren ist es möglich, wahlweise eine Arbeitsfrequenz von 0,5 Hz oder 1 Hz einzustellen. Die Steuerung ermöglicht den Anschluß einer zweiten Dosierpumpe, welche im Wechsel mit der ersten betrieben werden kann. In unserem Fall wurden die Anschlüsse jedoch nicht benutzt, da kein Bedarf für einen derartigen Betrieb bestand.

Die abgegebenen Impulse werden vom Zählwerk angezeigt. Bei einer frei vorwählbaren Impulszahl werden die Druckimpulse abgeschaltet, und das zweite Zählwerk, welches die Pausenzeit registriert, beginnt zu zählen. Auch die Pausenzeit ist vorwählbar. Nach Ablauf der Pausenzeit liegen an den Ausgängen wieder die Druckimpulse an. Beim Umschalten auf den anderen Zähler oder beim Betätigen der Stoptaste stellen sich die Zähler automatisch auf Null.

## Inbetriebnahme der Injektionsvorrichtung

Die Injektionspumpeneinheit ist ausgangsseitig mit einer für die Tracerzugabe geeigneten Stelle der Anlage zu verbinden (Kupferleitung, Druckschlauch usw.). Der Eingang der Pumpe wird mit dem Tracervorratsgefäß bzw. mit dem Behälter für Inertstoffe verbunden. Mit Hilfe von Pneumatik-Druckschlauch wird die Luftzuführung für den Steuerkolben an $V_{1,1}$ und $V_{1,2}$ angeschlossen. Der Arbeitskolben erhält die Druckluft von $P_{1,1}$ und $P_{1,2}$. Die Luftzuführung erfolgt über PH.

Nach Öffnen des Absperrventils wird mit dem Hilfsluftregler HLR 1 ein Druck von 1,4 bar eingestellt. Die Regler HLR 2 und HLR 3 werden auf die entsprechenden Werte eingeregelt. Am Zähler PLZV 1 wird die gewünschte Hubzahl vorgewählt. Am Zähler PLZV 2 erfolgt die Einstellung der Pausenzeit. Mit dem Frequenzumschalter wird die Hubfrequenz eingestellt (0,5 Hz oder 1 Hz). Die Fördermenge pro Hub ist an der Feineinstellschraube der Injektionspumpe einzustellen. Sie darf für Flüssigkeiten 15 $cm^3$/Hub nicht überschreiten. Durch Drücken und Arretieren der Starttaste wird die Injektion ausgelöst. Beim Entarretieren wird der gesamte Betrieb gestoppt.

Die Tracerkonzentration ist so zu wählen, daß die pro Versuch benötigte Aktivität mit dem Fördervolumen der Vorrichtung übereinstimmt. Dazu ist meistens eine Verdünnung des Tracers mit dem Medium der Anlage oder mit einem Inertstoff notwendig.

Während Flüssigkeiten auch bei der Injektion in Anlagen, welche unter Druck stehen, bei Normaldruck angesaugt werden können, muß bei der Gasinjektion der Druck im Vorratsgefäß dem Anlagendruck entsprechen. Das ist durch Einbringen des Tracergases in kleine Druckflaschen

i. allg. leicht möglich. Bei Nichteinhaltung dieser Druckgleichheit ist infolge der Kompressibilität eine exakte Reproduzierbarkeit nicht gewährleistet.

## Betriebsarten

### *1. Impulsförmige Injektion*

Diese Injektionsart wird häufig benötigt. Der Tracer wird aus dem Vorratsgefäß angesaugt und in die Anlage gedrückt. Nach einer beliebig vorwählbaren Pausenzeit (max. 550 h) erfolgt automatisch die nächste Injektion, wobei der Tracerimpuls exakt reproduzierbar ist. Für diese Betriebsart erfolgt der Anschluß der Druckschläuche zwischen Injektionspumpeneinheit und Steuergerät so, daß der Arbeitskolben anfangs am unteren Totpunkt steht (Arbeitskolben- und Steuerkolbenanschlüsse sind immer gleichzeitig zu vertauschen). Am Zähler PLZV 1 wird 1 Hub eingestellt. Am Zähler PLZV 2 die Pausenzeit. DurchDruck und Arretierung der Starttaste wird der Tracer angesaugt und in die Anlage gedrückt. Nach Ablauf der Pausenzeit wiederholt sich der Vorgang automatisch.

### *2. Impulsförmige Tracerinjektion mit nachfolgender Förderung von Inertstoff*

Oft kann bei großen Anlagen die Injektion nicht direkt in den Hauptstrom erfolgen, sondern der Tracer wird durch seitliche Rohrleitungsstutzen zugeführt. Das Totvolumen dieser Zuführungsstrecken ist oft so groß, daß das kleine Tracervolumen bei einfacher Injektion gar nicht in den Hauptstrom gelangen würde. Eine Vergrößerung des Tracervolumens ist ungünstig, da dabei breite Eingangsimpulse entstehen, weil die restliche im Stutzen verbleibende Tracermenge nach und nach in den Hauptstrom abgegeben wird. Als günstiger hat sich deshalb erwiesen, ein relativ kleines Tracervolumen zu injizieren und mit einem Inertstoff nachzuspülen, so daß die Tracermenge schnell in den Hauptstrom gelangt. Dabei ist es wichtig, daß die Inertstofförderung unmittelbar auf die Tracerinjektion erfolgt.

Diese Betriebsart läßt sich ebenfalls mit der Injektionsvorrichtung realisieren. Der Anschluß der Dosierpumpe erfolgt so, daß der Arbeitskolben am oberen Punkt steht. Durch kurzen Druck auf die Starttaste wird der Tracer in die Pumpe gesaugt. Danach wird der Eingang auf das Vorratsgefäß mit dem Inertstoff umgeschaltet. Dabei ist auch der Anschluß einer by-pass-Leitung mit dem Medium aus der Anlage möglich. Am Zähler PLZV 1 wird die Fördermenge des Inertstoffes eingestellt. Am Zähler PLZV 2 erfolgt keine Vorwahleinstellung. Nach dem Start erfolgt beim ersten Hub die Tracerinjektion. Dann wird die vorgewählte Menge Inertstoff nachgedrückt. Vor der nächsten Injektion muß erst der Tracer wieder in die Vorrichtung gesaugt werden.

### *3. Periodische Dauerinjektion*

Die Injektionsvorrichtung gestattet es auch, den Tracer in periodischer Impulsfolge einzubringen. Die Tracermenge pro Impuls wird dabei durch das eingestellte Hubvolumen bestimmt. Die maximale Impulsfrequenz beträgt 1 Hz. Sie kann praktisch beliebig verringert werden, wobei die Impulsbreite konstant bleibt. Für diese Injektionsart wird am Eingang der Pumpe des Tracerreservoir angeschlossen. Am Zähler PLZV 1 wird 1 Hub eingestellt. Am Zähler PLZV 2 stellt man den Abstand der Impulse ein. Nach dem Start werden im vorgewählten Abstand Tracerimpulse injiziert, welche alle die gleiche Form haben. Soll die Impulsfrequenz 0,5 Hz oder 1 Hz betragen, so wird am Zähler PLZV 1 die Gesamtzahl der Impulse vorgewählt. Am Zähler PLZV 2 kann man eine Pausenzeit einstellen. Nach Ablauf dieser Pausenzeit wird die Impulsfolge automatisch wiederholt.

## Ergebnisse der Erprobung

Zur Testung der Vorrichtung wurde ein Rohrleitungssystem aufgebaut, in welchem Wasser oder Luft strömte. In der Rohrleitung konnte ein Druck von maximal 15 bar eingestellt werden. Die Injektion erfolgte über ein in die Rohrwand eingeschweißtes kleines Rohr, welches in der Mitte der Rohrleitung endete. Es wurden alle 3 Betriebsarten im Dauertest erprobt. Die gesamte Steuerung arbeitete zuverlässig, wenn der Eingangsdruck der Versorgungsluft mindestens 5 bar betrug. Die simulierten Anlagendrücke bis zu 15 bar bewirkten keinerlei Störungen des Betriebes bzw. keine Verschlechterung der Reproduzierbarkeit der Injektionsimpulse, wenn bei gasförmigen Tracern eine Druckanpassung auf der Ansaugseite erfolgte. Undichtigkeiten an der Dosierpumpe konnten nicht festgestellt werden. Von Zeit zu Zeit sind allerdings die O-Ring-Dichtungen zu wechseln.

Mit Hilfe von radioaktiven Tracern wurden die Injektionskurven aufgenommen. Dazu wurde etwas stromabwärts von der Injektionsstelle eine Meßsonde angebracht und die Impulsdichtekurven mit einem Lichtlinienschreiber aufgezeichnet. Als Gastracer wurde $^{85}$Kr (mit Luft verdünnt) und als flüssiger Tracer $^{113m}$In ($InCl_3$-Lösung) eingesetzt. Abb. 4 zeigt die bei einer periodischen Dauer-

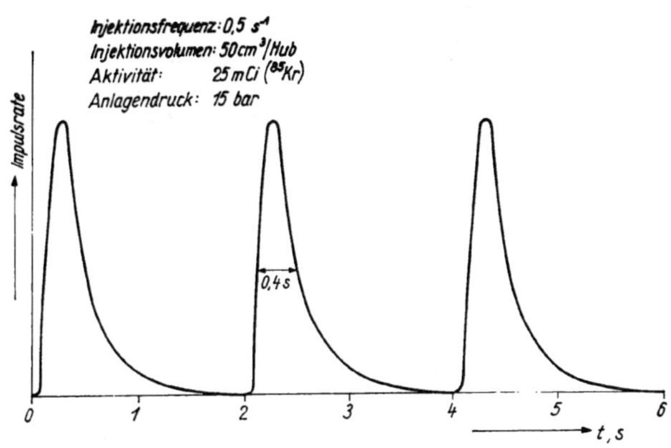


Abb. 4. Impulsform bei der Injektion von Gasen

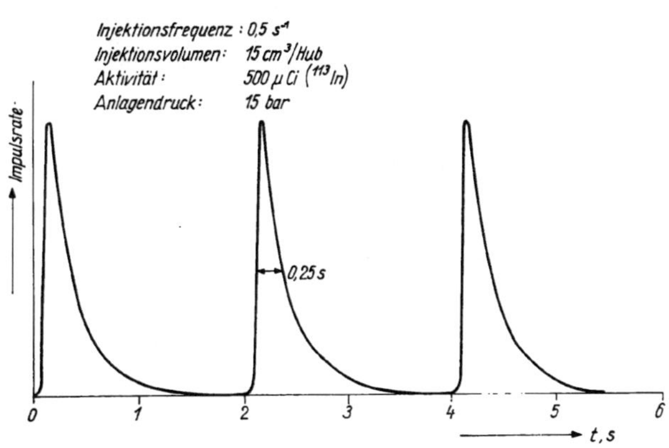


Abb. 5. Impulsform bei der Injektion von Flüssigkeiten

injektion mit 0,5 Hz aufgenommene korrigierte Kurve bei Injektion eines gasförmigen Tracers. Die Korrektur der aufgezeichneten Kurven war notwendig, da selbst bei der kleinen Integrationszeitkonstante des Integrators (0,1 s) Verzerrungen durch den Integrationsvorgang auftraten. Abb. 5 zeigt die analoge Kurve für die Flüssigkeitsinjektion. Die Halbwertsbreite der Impulse beträgt bei der Gasinjektion 0,4 s, bei der Flüssigkeitsinjektion 0,25 s. Die Meßsonde konnte nicht unmittelbar am Ausgang der Vorrichtung angebracht werden, da hier die direkt aus der Dosiervorrichtung kommende Strahlung nicht genügend abgeschirmt werden konnte. Die gemessenen Kurven sind deshalb durch die Strömung in der Leitung bereits verbreitert, so daß die Impulsbreiten noch unterhalb dieser Werte liegen. Aus Abb. 4 und 5 ist gleichzeitig die gute Reproduzierbarkeit zu erkennen. Größe und Form der Impulse bleiben konstant.

Erfahrungswerte haben gezeigt, daß bei der Aufnahme von Verweilzeitspektren der Eingangsimpuls als idealer δ-Impuls behandelt werden kann, wenn seine Breite nicht größer als 1/100 der mittleren Verweilzeit beträgt.

Für den Einsatz der Injektionsvorrichtung bedeutet dies, daß für alle untersuchten Apparate, in denen die Verweilzeit der flüssigen Phase größer als 25 s oder der Gasphase größer als 40 s ist, von idealen Injektionsbedingungen ausgegangen werden kann. Für sehr viele Apparate und Anlagen sind diese Forderungen erfüllt. Bei Anlagen mit hohen Durchsätzen können besonders in der Gasphase auch kürzere Verweilzeiten auftreten. Auch in diesem Fall ist die Injektionsvorrichtung anwendbar. Bei der Auswertung der Experimente muß jedoch der nichtideale Eingangsimpuls berücksichtigt werden [4]. Die beschriebene Vorrichtung hat deshalb ein breites Anwendungsgebiet bei der Untersuchung halbtechnischer und industrieller Anlagen mit Hilfe der Tracertechnik.

Eingegangen am 20. 8. 1979

## Literatur


[1] *M. Richter*, Chem. Technik 23 (1971) 719

[2] *M. Richter*, Chem. Technik 24 (1972) 270

[3] *R. H. Lafferty*, Isot. and Rad. Technol. 8 (1971) 287

[4] *M. Richter*, Chem. Technik 25 (1973) 327


# Влияние континуального облучения гамма-лучами на нуклеиновые кислоты крови крыс

*Т. Сабова, Е. Мишурова*

(Кафедра общей биологии факультета Естествознания УПЙШ, Кошице)[1]

*Исследовалось влияние континуального облучения гамма-лучами в течение 3—14 суток с мощностями доз 10 и 100 Р/сутки на количественные изменения нуклеиновых кислот крови крыс и инкорпорацию $^3$H-тимидина в лейкоцитах ин витро. Характер изменений в крови при обеих мощностях доз был одинаковый, но при большей мощности дозы изменения были более выразительными. Концентрация нуклеиновых кислот в лейкоцитарной массе крови была понижена только после 7-ого дня облучения с мощностью дозы 100 Р/сутки. Количество ДНК, приходящееся на 1 лейкоцит, у облученных животных постепенно возрастало с возрастанием общей дозы облучения. На основании повышенной инкорпорации $^3$H-тимидина предполагаем, что при континуальном облучении возрастает в крови относительное количество незрелых элементов крови, которые способны принимать $^3$H-тимидин в повышенной мере.*

**(C14) INIS DESCRIPTORS:**

biological radiation effects; blood; chronic irradiation; cobalt 60; DNA; dose rates; dose-response relationships; experimental data; gamma radiation; isolated values; leukocytes; radiation doses; rats; RNA; thymidine; time depence; tritium compounds; whole-body irradiation

Повреждение нуклеиновых кислот, вызванное прямым или косвенным действием излучения, проявляется разными физико-химическими, биохимическими, функциональными и морфологическими изменениями.

Однократное и длительное облучение вызывает изменения в кровеобразовании и прямо нарушает клеточные элементы крови, вследствие чего наступает временное или постоянное изменение состава крови. При длительном облучении с мощностью дозы до 10 Р/сутки не наблюдаются у крыс никакие важные изменения, кроме временного понижения количества агранулоцитов. При мощностях доз 27—60 Р/сутки после первоначального понижения образуется стабилизированное состояние количества агранулоцитов на уровне 25—30% контрольных величин. При мощностях доз 90 Р/сутки и выше количество агранулоцитов понижается вплоть до гибели животных [1].

Понижение количества лейкоцитов сопровождается изменением количества нуклеиновых кислот в лейкоцитарной массе крови. Эти изменения непропорциональны количеству лейкоцитов. После однократного облучения количество нуклеиновых кислот в лейкоцитарной массе объемной единицы крови крыс в течение 1-2-х суток понижается в зависимости от величины дозы [2]. В это время в периферической крови облученных собак было определено значительное понижение количества клеток, синтетизирующих ДНК. Постепенно количество этих клеток повышалось и превышало контрольный уровень с максимумами на 10-ый и 40-ой день после облучения [11].

Инкорпорация радиоактивных прекурзоров в ДНК связана главным образом с синтезом ДНК, который

[1]) Адрес: ЧССР, 04167 Кошице, Шробарова 57

протекает в определенных элементах крови [4]. Однако инкорпорация прекурзоров происходит и при репаративном синтезе ДНК, обнаруженном в лимфоцитах крови людей, облученной ультрафиолетовыми лучами и ионизирующим облучением ин витро [5].

В этой работе исследовались количественные изменения нуклеиновых кислот и инкорпорация $^3$H-тимидина в ДНК крови крыс при континуальном облучении с мощностями доз 10 и 100 Р/сутки в течение 3—14 суток.

### Материал и методика

Опыты проводились на крысах-самцах линии Вистар. Вес животных перед облучением составлял 160—180 *г*. Во время опыта животные находились по 6 штук в каждой клетке, кормили их обычным лабораторным кормом и водой ad libitum. Крыс континуально облучали из источника $^{60}$Co на открытом экспериментальном поле с мощностями доз 10 и 100 Р/сутки (2,58 *мС/кг*; 25,8 *мС/кг*) в течение 3, 7 и 14 дней, т. е. общими дозами 30, 70 и 140 Р или 300, 700 и 1400 Р. В каждом интервале обследовалось по 6 облученных животных из каждой группы (Об), 3 контрольных животных из вивария (Кв) и 6 контрольных животных, помещенных на поле в защищенном от излучения месте (Кп).

Изменения нуклеиновых кислот исследовались в гепаринизированной крови из аорты каждого животного в дупликатах. Кровь инкубировалась по методу Сокала и Паули [6] в течение 4 часов при температуре 37 °C в питательной среде ЭПЛ, содержащей в каждой пробе 1 мккюри $^3$H-тимидина (удельная активность 25,3 кюри/М). После инкубации эритроциты удалялись при помощи гемолизирующего раствора сапонина [2]. Количество ДНК и РНК в лейкоцитарном осадке определялось по методу Цанева и Маркова [7]. После удаления примесей, производилась сепарация ДНК от РНК путем гидролизирования в щелочной и кислой среде. Концентрация ДНК и РНК определялась на основании абсорбции ультрафиолетовых лучей при двух длинах волн. Радиоактивность измерялась в сцинтилляционном растворе Брея на сцинтилляционной установке ЛКБ-Валлас 81 000. Полученные результаты статистически оценивались по методу анализа варианции и при помощи теста Данкена [8].

### Результаты и дискуссия

У всех подопытных и контрольных животных исследовались следующие параметры:

а) количество лейкоцитов

б) концентрация ДНК и РНК (*мкг/мл*) и количество, приходящееся на 1 лейкоцит (пиког/лейкоцит)

в) активность ДНК (ДПМ/лейкоцит и ДПМ/мг ДНК).

Количество лейкоцитов приводится в табл. 1. Изменение количества лейкоцитов характеризуется выразительным понижением уже на 3-ий день облучения и зависит от величины мощности дозы, что соответствует данным в литературе [1].

Концентрация нуклеиновых кислот понижается на много умереннее и медленнее (табл. 2). Статистически достоверное понижение концентрации ДНК мы определяли только при мощности дозы 100 Р/сутки с 7-ого

Табл. 1. Количество лейкоцитов в периферической крови крыс, длительно облучаемых гамма-лучами с мощностью дозы 10 и 100 Р/сутки в течение 3—14 суток, контрольных крыс из вивария (Кв) и из экспериментального поля (Кп)

| Группа | Дни облучения | | |
|---|---|---|---|
| | 3 | 7 | 14 |
| Кв | 9600 ± 264 | 11033 ± 1102 | 11133 ± 333 |
| Кп | xx<br>12520 ± 707 | 11050 ± 356 | 11400 ± 354 |
| 10 Р | xx<br>..<br>7400 ± 97 | xx<br>..<br>6450 ± 322 | xx<br>..<br>7050 ± 148 |
| 100 Р | xx<br>..<br>3917 ± 108 | xx<br>..<br>3200 ± 171 | xx<br>..<br>3800 ± 153 |

В таблице приводятся средние величины ± стандартное отклонение среднего арифметического.

Статистическая достоверность различия в сравнении с Кп:
. P < 0,05; .. P < 0,01.

Статистическая достоверность различия в сравнении с Кв:
x P < 0,05; xx P < 0,01.

дня облучения. Концентрация РНК при этой мощности дозы понижалась на 14-ый день облучения.

В связи с этими изменениями количество ДНК и РНК, приходящееся на 1 лейкоцит, возрастало в зависимости от мощности дозы и на 7-14-ый день превышало контрольные величины на 60—200% (табл. 3).

Удельная активность ДНК (ДПМ/мг ДНК) у облученных животных, а в основном у контрольных животных из экспериментального поля (Кп) была на 3-ий и 14-ый день выразительно понижена в сравнении с контрольными животными из вивария (Кв; рис. 1). Активность ДНК, приходящаяся на 1 лейкоцит (ДПМ/лейкоцит) была у облученных животных повышена в зависимости от величины мощности дозы максимально на 7-ой день опыта (рис. 2).

При обсуждении наших результатов нужно брать во внимание то, что между концентрацией нуклеиновых кислот в крови и количеством лейкоцитов нет пропорциональной зависимости. При однократном облучении определение концентрации нуклеиновых кислот в крови является более чувствительным показателем, чем определение количества лейкоцитов, т. к. отражает изменения, которые возникают уже при облучении в дозе 2—5 Р [2]. При континуальном облучении изменения концентрации ДНК и РНК являются менее выразительными и наступают позже, чем изменения количества лейкоцитов.

Концентрация нуклеиновых кислот в крови зависит главным образом от числа лейкоцитов и содержания ДНК и РНК в них, но в определенной степени и от количества нуклеиновых кислот в других элементах крови, например в ретикулоцитах. Изменение количества нуклеиновых кислот в лейкоцитах может протекать в двух направлениях. В связи с процессом деструкции происходит понижение содержания ДНК и в морфологически неизмененных лимфоцитах лимфатических желез, а с развитием пикноза содержание ДНК

Табл. 2. Концентрация ДНК и РНК в лейкоцитарной массе крови крыс (мкг/мл крови) при длительном облучении гамма-лучами с мощностью дозы 10 и 100 Р/сутки в течение 3—14 суток, контрольных крыс из вивария (Кв) и из экспериментального поля (Кп)

| Показатель | Группа | Дни облучения | | |
|---|---|---|---|---|
| | | 3 | 7 | 14 |
| ДНК | Кв | 77,07 ± 6,43 | 103,20 ± 2,36 | 88,20 ± 4,14 |
| | Кп | 87,04 ± 4,85 | 106,80 ± 9,57 | 99,53 ± 3,01 |
| | 10 Р | 87,20 ± 6,28 | 97,16 ± 5,33 xx | 102,19 ± 5,23 |
| | 100 Р | · 68,07 ± 6,36 | .. 78,00 ± 4,73 | .. 70,52 ± 2,34 |
| РНК | Кв | 55,34 ± 16,36 | 87,85 ± 9,67 | 72,58 ± 10,71 |
| | Кп | 88,46 ± 10,98 | 73,95 ± 9,62 xx | 104,85 ± 10,49 |
| | 10 Р | 79,13 ± 7,63 | .. 136,24 ± 10,99 | 82,43 ± 5,77 |
| | 100 Р | 72,17 ± 14,05 | 68,83 ± 9,61 | .. 43,60 ± 5,01 |

Объяснения приводятся под табл. 1.

Табл. 3. Количество ДНК и РНК, приходящиеся на 1 лейкоцит (пг/лейкоцит), в периферической крови крыс, длительно облучаемых гамма-лучами с мощностью дозы 10 и 100 Р/сутки в течение 3—14 дней, контрольных крыс из вивария (Кв) и из экспериментального поля (Кп)

| Показатель | Группа | Дни облучения | | |
|---|---|---|---|---|
| | | 3 | 7 | 14 |
| ДНК | Кв | 8,02 ± 0,64 | 9,53 ± 0,58 | 8,61 ± 0,29 |
| | Кп | 6,96 ± 0,29 x | 9,48 ± 0,76 xx | 9,64 ± 0,37 xx |
| | 10 Р | .. 11,82 ± 0,89 xx | .. 15,05 ± 0,62 xx | .. 15,98 ± 0,894 xx |
| | 100 Р | .. 17,43 ± 1,78 | .. 25,15 ± 2,31 | .. 20,87 ± 0,75 |
| РНК | Кв | 5,76 ± 1,71 | 8,18 ± 1,09 | 6,90 ± 1,07 |
| | Кп | 7,31 ± 1,04 | 6,61 ± 0,87 xx | 9,56 ± 1,06 |
| | 10 Р | 10,71 ± 1,06 xx | .. 21,67 ± 1,95 xx | 12,71 ± 0,94 |
| | 100 Р | .. 18,32 ± 3,63 | .. 22,11 ± 3,33 | 12,85 ± 1,60 |

Объясбения приводятся под табл. 1.

в ядрах понижается на уровень гипогаплоидных величин [9]. При повышенном синтезе ДНК, который сопровождает процессы регенерации или компенсации повреждений, возрастает содержание ДНК в кариоцитах лимфатических и кроветворных тканях [10]. И в крови собак и морских свинок в определенном времени после однократного облучения наблюдалось повышенное количество клеток, способных синтетизировать ДНК [11, 12]. Эти клетки относятся в большинстве к типу мононуклеарных лейкоцитов и имеют, вероятно, тоже повышенное содержание ДНК.

В наших опытах инкорпорацию $^3$H-тимидина в пробах крови мы исследовали после 4-х часового инкубирования. Такое короткое время инкубирования — без дополнительной стимуляции — представляет синтетическую активность клеток ин виво [3]. Повышенная активность $^3$H-тимидина в лейкоцитах (ДПМ/лейкоцит) при облучении обеими мощностями доз свидетельствует о повышенном приеме тимидина лейкоцитами в основном на 7-ой день облучения. Повышение удельной активности ДНК в это время подтверждает инкорпорацию части тимидина в ДНК.

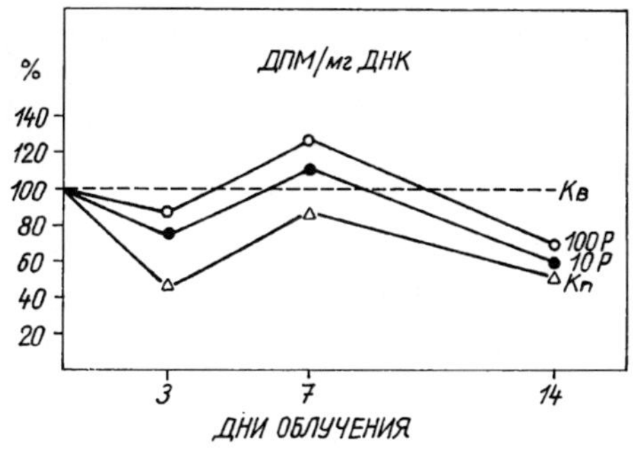


Рис. 1. Удельная активность ДНК в периферической крови крыс, континуально облучаемых гамма-лучами с мощностью дозы 10 и 100 Р/сутки в течение 3–14 суток, и контрольных крыс из экспериментального поля (Кп)

Величины выражены в % относительно контрольных животных из вивария

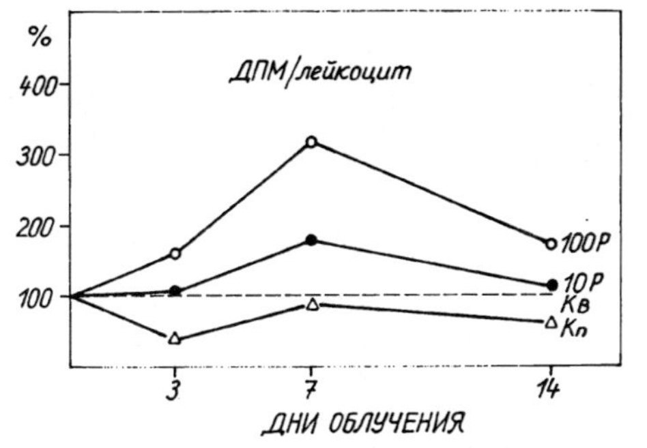


Рис. 2. Активность ДНК, приходящаяся на 1 лейкоцит, в периферической крови крыс, континуально облучаемых гамма-лучами с мощностью дозы 10 и 100 Р/сутки в течение 3–14 дней, и контрольных крыс из экспериментального поля (Кп)

Величины выражены в % отностиельно контрольных животных из вивария

Общеизвестно, что инкорпорация прекурзоров в ДНК происходит при репаративном, а в основном при репликационном синтезе.

В крови здоровых людей и животных протекает репликационный синтез ДНК в очень малом числе мононуклеарных лейкоцитов [5, 11]. Во многих патологических состояниях, например при болезни Готкинса, хронической миелоидной лейкемии и разных олокачественных опухолях [6, 13, 14] возрастает в крови количество клеток, синтетизирующих ДНК. Возрастание количества этих клеток в большинстве не коррелировало с суммарным количеством мононуклеарных лейкоцитов.

Эванс и Норман [5] определили, что кроме репликационного синтеза протекает в лимфоцитах человека, облученных ин витро ультрафиолетовыми лучами или ионизирующим излучением, и репаративный синтез ДНК, который начинается сразу после облучения, а до 4—6-ого часа практически заканчивается. При репаративном синтезе в отдельные лимфоциты инкорпорируется менее чем 1/10 количества тимидина инкорпорированного при репликационном синтезе. В зрелых гранулоцитах периферической крови, облученной ультрафиолетовыми лучами, репаративный синтез не наблюдался, но между нейтрофильными палочками, а именно между молодыми развивающимися формами, наблюдалось 5—90% меченых клеток [15].

На основании приведенных данных можно предполагать, что повышенная инкорпорация $^3$Н-тимидина во время континуального облучения только частично связана с репаративным синтезом. Вероятно с продолжением облучения возрастает относительное количество очень резистентной популяции лимфоцитов с активным синтезом РНК [16] и около 7-ого дня появляются клетки, синтетизирующие ДНК. Новосинтетизированная ДНК может в определенной мере повышать количество нуклеиновых кислот [ДНК], приходящееся на 1 лейкоцит, которое повышается в тех или следующих интервалах.

Поступила в редакцию 29/VIII, 1979г.

## Литература

[1] *O. Chlebovský, M. Praslička*, Biológia 9 (1971) 653

[2] *Г. А. Критский, С. В. Александров*, Доклады АН СССР **209** (1973) 728

[3] *T. J. Yang, J. B. Dale, J. B. Jones*, Experimental and Molecular Pathology **25** (1976) 121

[4] *R. Lopez-Sandoval, Houshang Moayari, J. E. Sokal*, Cancer Research **34** (1974) 146

[5] *R. G. Evans, A. Norman*, Nature **217** (1968) 455

[6] *J. E. Sokal, J. L. Pauly*, Journal of Laboratory and Clinical Medicine 84 (1974) 681

[7] *Р. Г. Цанев, Г. Г. Марков*, Биохимия **25** (1960) 151

[8] *D. E. Duncan*, Biometrics **1** (1955) 11

[9] *В. М. Мантейфель*, Известия АН СССР **1** (1971) 38

[10] *Н. И. Елкина*, Радиобиология **1** (1976) 30

[11] *V. P. Bond, T. M. Fliedner, E. P. Cronkile, G. Andrews*, Journal of Laboratory and Clinical Medicine **57** (1961) 711

[12] *P. F. Harris, G. Haigh, J. H. Kugler*, British Journal of Haematology **9** (1963) 385

[13] *P. Schick, F. Trepel, H. Begemann*, Scand. Journal of Haematology **14** (1975) 17

[14] *H. E. Heier, T. Godal*, Scand. Journal of Haematology **18** (1977) 149

[15] *M. Frey-Wettstein, R. Longmire, C. G. Craddock*, Journal of Laboratory and Clinical Medicine **74** (1969) 109

[16] *G. Adam, H. Bressler, M. Djaldetti*, Biochimica et Biophysica Acta **425** (1976) 41

# Tagungsberichte

## Der 6. Internationale Kongreß für Strahlenforschung (6. ICRR) in Tokio/Japan (12.–19. 5. 1979)

Auf dem 6. ICRR wurden neueste Ergebnisse der Strahlenforschung in Physik, Chemie, Biologie, Medizin, Strahlenschutz und Ökologie vorgestellt. Bei der Untersuchung physikalischer, physikalisch-chemischer und chemischer Folgeprozesse der Strahlungswechselwirkung mit Stoffen konnten vor allem durch den Einsatz von Pulsbestrahlungstechniken mit angeschlossenen schnellen Nachweismethoden neue Erkenntnisse bis in das Zeitgebiet von einigen Pikosekunden gewonnen werden. Nutzer stationärer und quasistationärer Methoden waren bestrebt, die Aussagefähigkeit ihrer Experimente durch Einbeziehung der Ergebnisse zeitaufgelöster Messungen, Kombination mehrerer Nachweismethoden und Ausweitung der Versuchsbedingungen z. B. bis in das Gebiet um 4 K zu erhöhen. In Stoffsystemen in fester, flüssiger und Gasphase werden unter spürbarer Berücksichtigung biologisch relevanter Substanzen vor allem Bildung und Reaktionen von Elektronen, angeregten Zuständen (unter besonderer Berücksichtigung von Energieübertragungsprozessen in Kohlenwasserstoffen) Radikalen und in geringerem Maße von positiven Ionen untersucht. Von praktischem Interesse waren u. a. Arbeiten zur Strahlenwirkung auf Schadstoffe und zur Radioökologie.

Der 6. ICRR erwies sich als eine repräsentative wissenschaftliche Veranstaltung, an der mehr als 1400 Wissenschaftler aus nahezu allen Ländern der Erde teilnahmen. Der Kongreßveranstalter ist „The International Association for Radiation Research"; die Japanische Gesellschaft für Strahlenforschung organisierte diese bedeutsame Tagung in exzellenter Weise. Die führenden Wissenschaftler aller Teilgebiete der Strahlenforschung waren vertreten. Aus 911 Vorträgen wurde ein eindrucksvolles Bild über den gegenwärtigen Stand der Forschungen deutlich. In Tab. 1 ist die Verteilung der Vorträge auf die Forschungsgebiete dargestellt.

Tab. 1.

| Gebiet | Zahl der Vorträge |
|---|---|
| physikalische und physikalisch-chemische Elementarprozesse der Wechselwirkung | 175 |
| strahlenbiologische und -biochemische Effekte | 320 |
| Strahlenmedizin | 290 |
| Strahlenschutz/Dosimetrie | 66 |
| Strahleneinwirkung auf die Umwelt | 60 |

Nachfolgend soll der aktuelle Stand der Grundlagenforschung auf dem Gebiet der Strahlenwechselwirkung eingeschätzt werden.

### *I. Entwicklung von Beschleunigungs- und Nachweistechniken für die Aufklärung von Elementarprozessen*

Als effektivste Untersuchungstechniken haben sich die Pulsbestrahlungen interessierender Stoffsysteme in Kombination mit geeigneten Nachweistechniken für die sich bildenden Ladungsträger, angeregten Zustände und Radikale erwiesen. Meist werden Elektronenbeschleuniger mit Impulslängen im Piko- oder Nanosekundenbereich und Elektronenenergien im MeV-Bereich eingesetzt. Zu den auf diesem Gebiet führenden Einrichtungen wie Argonne National Laboratory, Argonne; University of Notre Dame, Notre Dame; Yoke University, Toronto und Hahn-Meitner-Institut für Kernforschung, Berlin-West ist das Labor der University of Tokyo, Tokyo, aufgeschlossen. Letzteres verfügt gegenwärtig sogar in Hinsicht auf Komplexität der Nachweistechniken sowie Pulslänge über die modernste Ausstattung.

Als gängigste zeitaufgelöste Nachweistechniken werden die *Čerenkov*-Reabsorptionsspektroskopie, die Streak-Kammertechnik (ps), die optische Absorptionsspektroskopie, Leitfähigkeitsmessungen und Spinechomethoden, Polarographie, Lichtstreutechnik, NMR und schließlich Resonanz-*Raman*-Spektroskopie eingesetzt. In mehreren Laboratorien werden Laser als Strahlenquellen sowie die Positrontechnik angewandt.

Die nach wie vor in großem Umfang durchgeführten stationären Untersuchungen nutzen solche konventionellen Nachweisverfahren wie Gaschromatographie, Massenspektrometrie, Photobleichung, optische und ESR-Spektroskopie und das Spin-Trapping. Die meisten stationär untersuchten Systeme werden bei niedrigen Temperaturen ($\leq$ 77 K) behandelt.

### *II. Stoffsysteme*

In fester Phase werden Glasbildner wie 3-Methyl-pentan, Methylhydrofuran, Methylcyclohexan, Alkohole, s-Butylchlorid, wäßrige Lösungen, Polymerfilme untersucht, denen man häufig Aromaten als Fängersubstanzen zusetzt. In der flüssigen Phase stehen nach wie vor Kohlenwasserstoffsysteme, Polymerlösungen, wäßrige Lösungen sowie vor allem biologisch relevante Substanzen im Mittelpunkt des Interesses. Gasphasenuntersuchungen erfolgen an $SO_2$-Gasgemischen aller denkbaren Varietäten, an $CO/H_2$-Gemischen, halogenierten Kohlenwasserstoffen sowie an Gemischen mit Edelgasen.

### *III. Elementarprozesse*

Arbeiten zu Reaktionen des Elektrons standen im Mittelpunkt der Aufmerksamkeit. Sie bezogen sich sowohl auf das „trockene" als auch das solvatisierte Elektron und dessen verschiedene intermediäre Zustände in strahlenchemischen Reaktionen. Demgegenüber wurde über Arbeiten zum Problemkreis „positiver Löcher" und deren Reaktionen relativ wenig berichtet. Starkes Interesse fanden Reaktionen angeregter Zustände, die strahleninduzierte ionische Polymerisation, die Bildung von Radikalionen und in geringerem Umfang auch Reaktionen von Positronen.

*IV. Wichtigste wissenschaftliche Ergebnisse und Trends*

Typisch ist fortschreitende Methodenkombination. So werden z. B. neben Elektronenbeschleunigern, gepulste Neutronen vom Reaktor, kinetische ESR, energiereiche Ionen sowie Lasertechniken am gleichen Problem eingesetzt. Hier hat die Universität Tokio die besten Möglichkeiten.

Besonders intensiv wird in flüssiger Phase (Kohlenwasserstoffe, wäßrige Lösungen) gearbeitet. Dabei sollte nun das Elektron (frei, solvatisiert) als weitgehend aufgeklärt betrachtet werden. Es sollten künftig zunehmend kompliziertere Systeme betrachtet werden. Prinzipiell neue Ergebnisse wurden nur vereinzelt dargestellt. Offensichtlich sind die Forschungen in der flüssigen Phase vornehmlich auf die Klärung

- von Relaxations- bzw. Solvatationsprozessen
- von Übertragungsreaktionen
- von Polymerisationsprozessen
- des Verhaltens biologisch wirksamer Systeme (DNA, RNA)

gerichtet. Als allgemeiner Trend war der Übergang zur Erforschung von Ladungstransferreaktionen an Metallionen in unterschiedlichsten Assoziationen ablesbar. Dabei sollen die schnellen Änderungen der Elektronenstruktur der Hüllen im Verlaufe von Oxydation und Reduktion erfaßt werden.

Die Arbeiten in der festen Phase tendieren vornehmlich zu Gläsern sowie organischen und biologischen Systemen bei tiefen Temperaturen. So z. B. wurde DNA + $H_2O$ bei Temperaturen bis 5 K untersucht.

Zu physikalischen Effekten (Leitfähigkeit, optisches Verhalten) in Festkörpern unter Strahlungseinfluß wurde relativ wenig vorgetragen. Nach der Deutung des Verhaltens von $e^-$ im Festkörper durch den Tunneleffekt stehen auch hier fundamentale Ergebnisse aus.

Die Gasphasenreaktionen unter Einwirkung verschiedenster Spezies werden in breiter Palette vorangetrieben. Den Vorrang haben Grundsatzuntersuchungen an relativ einfachen Systemen wie Edelgasgemische. Besonders fruchtbar hat sich die Pulstechnik für die Aufklärung der Anregungsmechanismen von Edelgasen erwiesen. Eingehend werden Dimerenbildung und -zerfall betrachtet. Die Arbeiten zur stationären Strahlenchemie zeigen nach wie vor im allgemeinen empirischen Charakter und begrenzte Interpretationsmöglichkeiten.

Die Darlegungen zur Theorie der Elementarprozesse von Strahlung zeigten weitgehende Heterogenität. Neben Arbeiten zur Theorie der Spurbildung wurden Hochenergieprobleme mit Ionen, die Erfassung optischer Anregung von Molekül-Molekül- sowie Ionen-Molekül-Reaktionen und eine Reihe von Versuchen zur Bestimmung von Wirkungsquerschnitten (z. B. aus dem Bremsvermögen) beschrieben. Vorzugsrichtungen waren nicht erkennbar. Untersuchungen zu Prozessen in Tracks und deren physikalischen, chemischen und insbesondere biologischen Konsequenzen sollten auch weiterhin Aufmerksamkeit finden.

Starke Beachtung fanden Probleme der Radioökologie im maritimen Bereich: $^{90}Sr$, $^{3}H$, $^{60}Co$ sowie Transurane im Meerwasser und der Meeresflora und ihr Einfluß auf die biologischen Ketten.

Die DDR wurde auf dem 6. ICRR von je 2 Wissenschaftlern des Staatlichen Amtes für Atomsicherheit und Strahlenschutz und des Zentralinstitutes für Isotopen- und Strahlenforschung der Akademie der Wissenschaften vertreten. Folgende Vorträge wurden gehalten:

*J. Leonhardt, J. Bös, E. Müller, H. Striegler, P. Popp*: Experimentelle und theoretische Untersuchungen der strahleninduzierten $SO_2$-Oxydation
*J. Bös, O. Brede, W. Helmstreit, R. Mehnert*: Kationische Styrenpolymerisation — Pulsradiolyseuntersuchungen
*W. Burkhardt*: Welche Anforderungen ergeben sich für die Strahlenforschung vom Standpunkt des Strahlenschutzes?

Eingegangen am 5. 11. 1979

*J. Bös, J. Leonhardt*

# Informationen

**UdSSR.** Heft 9/1979 der Zeitschrift „Atomnaja Energija" enthält u. a. folgende Arbeiten:

Die Entwicklung der Kernenergetik in der DDR (*W. Mitzinger*);
Arbeiten der Akademie der Wissenschaften der DDR auf dem Gebiet der Kernforschung im Licht der Beschlüsse des IX. Parteitages der SED (*K. Fuchs*);
Strahlungsdetektoren für Spaltneutronen (*S. A. Alexandrowa* u. a.);
Untersuchung der Zuverlässigkeit strahlenchemischer Anlagen mit Elektronenbeschleunigern (*W. M. Kschnjaskin, J. D. Koslow*);

Kurze Originalmitteilungen:

Einschätzung der Effektivität der elektrochemischen Wiederaufarbeitung von Reaktorbrennstoff nach thermodynamischen Daten (*W. A. Lebedew*);
Bildung von Photoneutronen in einem dicken Bleitarget (*W. I. Noga* u. a.);
Ein mathematisches Modell zur Berechnung der Spaltproduktkonzentrationen und der Energiefreisetzung in zirkulierendem Kernbrennstoff (*L. I. Medwedowski* u. a.);
Zur Möglichkeit der Nutzung hochaktiver Rückstände aus der Wiederaufarbeitung von Brennstoff schneller Leistungsreaktoren (*J. M. Wetrow, J. M. Ichlow*);

Eine gaschromatographische Apparatur mit Serienbeladung zur Bestimmung von Kohlenstoff in Uran und in tablettiertem Urandioxid (*W. A. Nikolski* u. a.);

Nachweis von Alphateilchen mit einem Spurdetektor auf der Grundlage der Folie RF-3 (*I. W. Shuk* u. a.),

Zur Berechnung photoelektrischer Schwächungskoeffizienten von Röntgen- und Gammastrahlung bei der statistischen Modellierung von Übergangsprozessen (*O. S. Marenkow, T. W. Singarijewa*);

Reinigung von Eisen von Mikrobeimengungen an Uran und Radium durch Zonenschmelzen (*I. R. Barabanow* u. a.);
Zur Berechnung der Abmessungen von Strahlenschutz-

zonen in der Umgebung von Beschleunigern (*J. A. Woltschek*);
Systematik der Querschnitte von (n, p)- und (n, α)-Reaktionen (*W. N. Lewkowski*);
Zur Abschätzung des Risikos einer kombinierten Einwirkung von Strahlung und chemischen Agentien (*W. I. Lyszow, W. A. Knishnikow*);
Neutronenresonanzen von $^{247}$Cm im Energiebereich von 0,5 ... 20 eV (*T. S. Belanowa* u. a.).

**Schweiz.** Die Fa. Brown, Boveri & Cie. will 1980 die sechste Generation ihrer Betatron-Reihe zur Krebsbestrahlung auf den Markt bringen. Das derzeit modernste Modell für die Hochvolt-Strahlentherapie Asklepitron® 45 mit einer maximalen Energie von 45 MeV liefert das gesamte Spektrum an klinisch nützlichen Elektronen- und Röntgenstrahlen. Für Elektronenbestrahlungen steht der Energiebereich von 3 bis 45 MeV in 10 wählbaren Energiestufen zur Verfügung. Für die Photonentherapie sind 30 und 45 MeV einstellbar. Das Gerät Asklepitron® 45 mit einem Gesamtgewicht von 13 t (einschließlich der Aufhängung) ermöglicht Festfeld- und Pendelbestrahlungen sowie auf Grund seines technisch hochentwickelten Bewegungssystems auch ganz spezielle Bewegungstherapien.

**USA.** Im Argonne Nat. Lab. gelang es, mit Hilfe eines Supraleiter-Linearbeschleunigers Schwefelionen mit einer Energie von 146 MeV zu erhalten. Die Schwefelionen wurden mit einer Energie von 85 MeV aus einem *van-de-Graaff*-Beschleuniger in den aus zwei Sektionen bestehenden Linearbeschleuniger injiziert. Im Linearbeschleuniger werden Niob-Resonatoren mit Ringspalt verwendet, die für einen Spannungsgradienten von 4,25 MV/m berechnet sind.

**USA.** Seit Anfang 1979 arbeitet das 500-GeV-Protonensynchrotron des Fermi-Laboratoriums mit einer mittleren Intensität von $10^{18}$ Protonen pro Woche. Ein Rekordwert wurde mit $2{,}7 \times 10^{13}$/Impuls bei 350 GeV erreicht. Bei einer Energie von 450 GeV erreicht die Intensität $2{,}1 \times 10^{13}$ Protonen/Impuls. Um Einsparungen bei den Betriebskosten des Laboratoriums zu erzielen, ist man dazu übergegangen, die niedrigeren Kosten für Elektroenergie in den Nachtstunden und am Wochenende auszunutzen. So beträgt jetzt der Energiebedarf des Laboratoriums an den Wochentagen 30 MW, nachts und am Wochenende 47 MW.

**USA.** Im Anderson-Hospital (Galveston, Texas) wird das erste Zyklotron errichtet, das ausschließlich medizinischen Zwecken dienen soll. Der Beschleuniger soll zur Erzeugung schneller Neutronen für die Krebstherapie und verschiedener Radionuklide für Diagnostik und Therapie sowie biochemische Forschungsarbeiten genutzt werden. Der Beschleuniger, dessen Kosten auf 2,8 Mio $ geschätzt werden, soll im Herbst 1980 in Betrieb gehen.

**USA.** Für die Durchführung von Experimenten zur Anreicherung von $^{235}$U mit Hilfe eines $CO_2$-Lasers wurde durch eine Gruppe von Chemikern an der Nordwest-Universität die Uranverbindung $U(OCH_3)_6$ aus $UF_6$ in einem Einstufenprozeß synthetisiert, in der die U-O-Bindung Oberschwingungen im Wellenlängenbereich 9—11 μm besitzt, d. h. im Gebiet der $CO_2$-Laserstrahlung. Der Dampfdruck von $U(OCH_3)_6$ beträgt bei Zimmertemperatur ungefähr $1 \cdot 10^{-3}$ mm. Der vom heißen Ende der Arbeitskammer nach dem kalten, mit flüssigem Stickstoff gekühlten Ende strömende Dampf wurde der $CO_2$-Laserstrahlung ausgesetzt. Nach der Bestrahlung wurde das $U(OCH_3)_6$ massenspektrometrisch analysiert. Die Energie der Laserstrahlung betrug 0,9 ... 1,7 J bei einer Impulsfrequenz von 1 Hz. Unter diesen Bedingungen wurde eine $^{235}$U-Anreicherung um 2,3% erzielt. Dieser Wert ist zehnmal höher als bei einem normalen einstufigen Gasdiffusionsprozeß. Mit den Experimenten sollten die Möglichkeiten dieser Methode demonstriert werden; es war nicht die Aufgabe gestellt, die maximal mögliche Anreicherung zu erreichen.

# Buchbesprechungen

### The Calculation of Molecular Orbitals

*J. C. Slater, New York — Chichester — Brisbane — Toronto: John Wiley & Sons Inc. 1979; VIII + 104 S., div. Abb. u. Tab.; Ganzgewebeeinband, US-$ 16.95; £ 11.50*

Der hier zu besprechende Titel — das letzte von *Slater* vollendete Werk — ist eine Fortsetzung früherer umfangreicher Arbeiten des Autors zur Quantentheorie der Materie. Das Buch gibt eine knappe Einführung in die Behandlung des SCF-Problems, umreißt bisher offengebliebene oder nur unbefriedigend beantwortete Fragen der Berechnung von Molekülorbitalen und weist hin auf erfolgversprechende Ansätze zur Weiterentwicklung vor allem des MS-$X_\alpha$-Verfahrens, das in den letzten Jahren große Verbreitung gefunden hat. Der Verfasser geht dabei in gut lesbarer und logisch überzeugender Weise vor. Er definiert zunächst das SCF-Problem, beschreibt danach die $X_\alpha$-Methode und erläutert anschließend die Lösung der *Schrödinger*-Gleichung für das kugelsymmetrische Potential bei Vielelektronenatomen einschließlich dazugehöriger Berechnungsmethoden und Ergebnisse (Reihenentwicklung für Potential und Wellenfunktionen, Berechnung des selbstkonsistenten Feldes, Gesamtenergie eines Atoms, Anregung und Übergangszustände, Spinpolarisation). Es folgt dann eine Diskussion des Elementarzellen- und des „Muffin-tin"-Modells, das üblicherweise dem MS-$X_\alpha$-Verfahren zugrunde gelegt wird. Die Vorzüge und Nachteile der dabei verwendeten Methoden zur Lösung der SCF-Gleichungen werden an illustrativen Beispielen erörtert. Anschließend beschreibt Slater ein Verfahren, das es zumindest im Prinzip erlaubt, die SCF-Gleichungen exakt zu lösen.

Man sollte dieses Buch wohl vor allem als wertvolle Ergänzung zu der auf diesem Gebiet bereits vorhandenen Literatur betrachten, jedoch nicht als Lehrbuch oder Monographie. Seine Anschaffung kann trotz dieser Einschränkung allen Bibliotheken und Institutionen empfohlen werden, die Literatur auf dem Gebiet der Quantentheorie von Molekülen und Festkörpern sammeln. *D. Pabst*

*T. Szabová, E. Mišûrová*

## The Influence of Continuous Gamma-Ray Irradiation on Nucleic Acids in Rat Blood (*in Russian*)

Isotopenpraxis **16** (1980) No. 3, p. 98 to 102
2 Fig., 3 Tab., 16 Ref.

The influence of continuous gamma-ray irradiation applied through periods from 3 to 14 days with dose rates between 10 and 100 R/d on quantitative changes of nucleic acids in rat blood as well as of $^{3}H$-thymidine incorporation into leucocytes (in vitro) has been investigated. With both dose rates, the character of changes achieved in the blood was identical, though they were more distinct with higher dose rates. The concentration of nucleic acids in blood leucocytes decreased only after the seventh day of irradiation with dose rate ranging 100 R/d. At the same time, the quantity of DNA per leucocyte of the irradiated animals gradually increased with growing radiation dose. Proceeding from the increased incorporation of $^{3}H$-thymidine it is supposed that continuous irradiation causes an increase of the relative number of incomplete blood cells, which have a higher incorporation level for $^{3}H$-thymidine.

### Meetings

Isotopenpraxis **16** (1980) No. 3, p. 102 to 103

### Information

Isotopenpraxis **16** (1980) No. 3, p. 103 to 104

### New Books

Isotopenpraxis **16** (1980) No. 3, p. 104

*Т. Сабова, Е. Мишурова*

## Влияние континуального облучения гамма-лучами на нуклеиновые кислоты крови крыс (*на русск. языке*)

Isotopenpraxis **16** (1980) Но. 3, стр. 98 до 102
2 рис., 3 табл., 16 лит.

Исследовалось влияние континуального облучения гамма-лучами в течение 3 – 14 суток с мощностями доз 10 и 100 Р/сутки на количественные изменения нуклеиновых кислот крови крыс и инкорпорацию $^{3}H$-тимидина в лейкоцитах ин витро. Характер изменений в крови при обеих мощностях доз был одинаковый, но при большей мощности дозы изменения были более выразительными. Концентрация нуклеиновых кислот в лейкоцитарной массе крови была понижена только после 7-ого дня облучения с мощностью дозы 100 Р/сутки. Количество ДНК, приходящееся на 1 лейкоцит, у облученных животных постепенно возрастало с возрастанием общей дозы облучения. На основании повышенной инкорпорации $^{3}H$-тимидина предполагаем, что при континуальном облучении возрастает в крови относительное количество незрелых элементов крови, которые способны принимать $^{3}H$-тимидин в повышенной мере.

### Совещания

Isotopenpraxis **16** (1980) вып. 3, стр. 102 до 103

### Новости

Isotopenpraxis **16** (1980) вып. 3, стр. 103 до 104

### Новая литература

Isotopenpraxis **16** (1980) вып. 3, стр. 104

## Contents